そのペットフードは安心ですか？

―ペットフード疑似科学を科学する―

ほんざわ清治

東京図書出版

はじめに

食は命です。ペットフード（総合栄養食）を食べたペット達（犬猫）の命が手作り食のペット達より短い二大要因の一つは、「有毒なのでヒトの食品に禁止されている石油化学製品用添加物がペットフードに残留」、もう一つは「ペットフードは食品や畜水産飼料に比べて栄養学的に半世紀遅れていて間違いだらけ」です。アニマルウェルフェア（動物福祉）に反しています。これらの事実をペットフード業界は、利権絡みもあって無視しています。日本ペット栄養学会誌の創刊号に、キャットフードによるビタミンD過剰症の死亡事故について解説かたがた「日本ペット栄養学会に期待するもの」が提言されました（山根義久)。それから四半世紀経った現在、未だに学会は応えていません。

本書の執筆は、栄養化学を専攻して栄養学の基礎を学び総合食品メーカーに入社して畜水産飼料・ペットフードの研究開発、品質管理、製造などに40年携わり、その後20年余りにわたって技術士として、ペットフード会社やアメリカ穀物協会のコンサルタントなどヒトをはじめ犬猫、家畜家禽、養殖魚など多くの動物の実践栄養学に携わり失敗と成功を重ねた賜物です。

愛犬「さくら」を肝不全で亡くしました。体温が低下しはじめて臨終と診断されたので、ラストドライブで埼玉から

150 km 北の生まれ故郷の栃木・那須へ連れて行き雪景色の中で看取りました。「さくら」からは、愛玩動物飼養管理士と生涯学習インストラクター（イヌ学）のペット関連の資格取得および本書を出版するチャンスを貰いました。近所の買い物から始めて北海道から九州までの累計10万 km に及ぶ犬連れドライブを楽しみました。動物病院ではビーグル犬は比較的短命で14歳まで生きた例は少ないと慰められました。「さくら」にはペットフードと具入り野菜スープを併用給与していましたが、殆どのペットフードに残留している有毒な酸化防止剤エトキシキンをはじめペットフードの安全性に疑問を抱きました。かつて勤めたペットフード会社の視点でなく、ペットと飼い主の視点で調べれば調べるほど目から鱗が落ちて、その問題点が透けて見えるようになりました。安全性を鵜呑みにしていたことの反省を込めて、ペット達の健康のためにペットフード革命に挑戦しています。本書は教科書でなく、提案書です。ペットフード学は発展途上ですから、定説的な教科書を書く段階ではありません。ペットフードの不安全を具体的に指摘すると共に改革方法を提案します。ペット関係者と飼い主の方々にお読み戴き実践することによって、ペット達の健康長寿に繋がれば喜ばしいです。

ほんざわ清治

目　次

略 語

□ NRC（NATIONAL RESEARCH COUNCIL of the national academies）：米国学術研究会議

□ AAFCO（ASSOCIATION of AMERICAN FEED CONTROL OFFICIALS, INC.）：アメリカ飼料検査官連合株式会社

□ ppm（parts per million）：100万分の1 ＝ 1 mg/kg

1 ペットフードは疑似科学

『疑似科学入門』（池内了）では、疑似科学を三つに分類しています。

第一種の疑似科学は、超能力・占いなどです。

第二種は、科学を悪用・乱用したもので、錬金術・ある種の統計です。統計はサンプルの選び方、結果の公表の仕方など人為的に操作できる要素があるからです。筆者（ほんざわ）の考察ですが、疫学的な統計を巧みに乱用してねつ造した「我が国の狂牛病（BSE）の肉骨粉原因仮説」は、この類いです。

第三種は、科学的に未証明なグレーゾーンで、地震予知・放射能症などです。

この定義からすれば、ペットフードは第一種、第二種、第三種の疑似科学が混在しています。それをペット達と飼い主の視点で科学して解明します。

2 ペットフードを食べたペット達の命は手作り食のペット達よりも短い

象とネズミに代表されるように動物の中で、一般的に大型の動物は小型の動物より長命です。これに反して、犬は平均的に猫より大きいにもかかわらず猫より短命です。大型犬の平均寿命（８～12歳）は小型犬の平均寿命（12～15歳）より短いです。食欲旺盛のビーグル犬も比較的短命です。これらの共通点は、ペットフードを多く食べると短命になることです。

今まで出会った17歳以上の長寿の大型犬の大半は手作り食でした。農工大の小川益男教授は、ペットフード（総合栄養食）を食べた犬の命が手作り食の犬よりも短いとの調査結果（1995年）を学会で発表予定でしたが、その情報を知ったペットフード業界は、圧力をかけて発表を阻止しました。そのため、この調査結果は個人的な報告で終わりました。その後、同氏は日本愛玩動物協会の会長に就任しましたが、秘書を兼ねる事務局長に、発表を中止したことを悔やんでいるとこぼしました。

ペットフード基準（欧州ペットフード工業会連合基準）が我が国と殆ど同じベルギーにおいて、５年かけて約500頭の調査でドッグフードを食べた犬は手作り食を食べた犬よりも３年以上短命と報告されました。すなわち、ドッグフードのみの平均寿命は12.4歳、手作り食のみの平均寿命は15.7歳、ドッグフードと手作り食の併用は両者の中間で13.6歳でした(表１)。

表１　寿命に及ぼすドッグフードと手作り食の比較

食べ物	平均寿命
ドッグフードのみ	12.4歳
手作り食のみ	15.7歳
ドッグフード＋手作り食	13.6歳

（Lippert, G. と Spay, B.）

3 ペットフードに残留する有毒な酸化防止剤エトキシキン

❶ 有毒な酸化防止剤エトキシキンとは

エトキシキンは、タイヤなどの石油化学製品の酸化防止剤として開発された化学合成物質です。発がん性などがありますから、健康が主目的のヒトの食品添加物としては「消費者の視点」から禁止されていますが、犬猫用と畜水産用の飼料添加物としては「生産者の視点」から認可されています。一部のペットフード関係者は、アメリカで食品添加物として認められているので安心と自己弁護していますが、アメリカは食の安全には甘い国ですし、それは食べ物でない歯ミガキ用に認められているのです。食の安全に比較的厳しいEU（欧州連合）で食品には勿論のこと、近年は水産飼料にも禁止されました。

代表的な合成酸化防止剤のエトキシキン、BHT、BHAの理化学性状は表２の通りですが、その中でエトキシキンは、蛋白質原料のチキンミール（家禽肉骨粉）、ミートミール（肉粉・肉骨粉）、フィッシュミール（魚粉）など油脂を多く含むミール（粉粒体）に使う場合の油脂酸化防止効果は最大です。その原因は安価で酸化防止力が大きいことに加えて、融点と沸点が影響しています。すなわち、エトキシキンは融点25℃・沸点124℃前後で、BHTやBHAに比べて揮発浸透性大⇒ミールに直接添加してもエトキシキンは気体になって全体的に拡散⇒ミール中の油脂に浸透して酸化防止作用を発揮します。この現象は発育促進を目的に硫酸銅を大量添加した子豚飼料の油脂酸化による発熱・異臭対策として、筆者はエトキシキンの酸化防止試験において確認しました（1970年）。それは抗生剤のディスクテストを真似て、当該飼料を入れたシャーレの平面中央に極少量のエトキシキン吸着粉末を置いて保温すれば、エトキシキンの周辺は変色せず円盤状に油脂の酸化を抑制しました。一方、BHTとBHAは揮発浸透性が比較的小さいので、油脂の酸化による変色を防止しませんでした。

なお、エトキシキン、BHT、BHAはいずれも飼料添加物ですが、その中でBHTとBHAは食品添加物として認められているので比較的安全です。油脂の酸化物は有害ですから、油脂の多いペットフードに酸化防止剤は必須ですが、生産目的の飼料添加物でなく、健康目的の食品添加物に限定したいです。ミールにBHT、BHAを添加する場合は、直接でなく事前に油（液体）に溶かしてから、その油をミールに混和する必要があるでしょう。

表２　合成酸化防止剤の融点と沸点

	融点℃	沸点℃
エトキシキン	25	123〜125
BHT[a]	70	265
BHA[b]	48	264

a ブチルヒドロキシトルエン
b ブチルヒドロキシアニソール

2 ペット達はエトキシキンをヒトの摂取許容量の30倍摂り続けている

ペットフードの主目的はペットの「健康」ですが、有毒なエトキシキン使用基準は犬用75 ppm以下、猫用150 ppm以下で、畜水産物の「生産」が主目的の畜水産飼料に準じています（表３）。一方、エトキシキンは食品添加物でないので食品には禁止されていますが、食品以外の飼料などに使われているエトキシキンが畜水産食品などに移行残留するので、食品の残留基準が決められています（表４）。品目にもよりますが、ペットフード同様に「健康」が主目的の食品の多くは0.01 ppm以下です。ペットフードのエトキシキン使用基準は、主な食品の残留基準の7,500〜15,000倍も多いのです。

また、ヒトにおけるエトキシキンの「摂取許容量」は、わずかに「0.005 mg/kg体重/日」です。この数値を体重５kgの犬に当てはめれば摂取許容量は「0.025 mg/日」です。一般的なペットフード（総合栄養食）にはエトキシキンが

1 kg 中10 mg 前後残留しているので（日本食品分析センター）、このペットフードを1日75 g 食べるとすればエトキシキンを1日0.75 mg 摂取することになり、体重1 kg 当たり0.15 mg になります。すなわち、ペット達は有毒なエトキシキンをヒトの1日摂取許容量の30倍も毎日食べ続けることになります。

食品における極めて厳しい規制は、エトキシキンの強烈な毒性を如実に現していますが、ペットフードのエトキシキン規制基準が食品の規制基準よりも極めて緩い（甘い）のは、犬猫がエトキシキンの毒性に強いということでなく、ペットフード生産上の都合によります。一般的にペットフードは、エトキシキンを大量添加したチキンミール・ミートミール・フィッシュミールなどを使用するので、食品並みの基準は守れないことを配慮したものです。すなわち、ペット達の健康よりもペットフードの生産を重視しているからです。

表3　ペットフード・畜水産飼料におけるエトキシキンの使用基準

対象	犬[a]	猫[a]	家畜家禽・養魚[b]
使用基準	75 ppm 以下	150 ppm 以下	150 ppm 以下

a 農水省・環境省
b 農水省

表４　食品におけるエトキシキンの残留基準[a]と摂取許容量[b]

残留基準	摂取量の多い食品[c]	0.01 ppm 以下
	牛豚の筋肉	0.5 ppm 以下
	鶏の筋肉	0.1 ppm 以下
	鶏卵・魚介類	1.0 ppm 以下
	甲殻類	0.2 ppm 以下
	牛豚の脂肪	5.0 ppm 以下
	鶏の脂肪	7.0 ppm 以下
	植物性油脂	0.01 ppm 以下
1 日摂取許容量[d]		0.005 mg/kg 体重

a 厚労省
b 内閣府食品安全委員会
c 穀類・豆類・芋類・野菜類などの植物性食品
d 生涯にわたり毎日摂取し続けても影響が出ないと考えられる体重 1 kg 当たり mg

❸ 原材料表示はエトキシキン残留の隠れ蓑

エトキシキンを原材料表示してあるペットフードは見掛けませんから、飼い主（消費者）や獣医師は「有毒なエトキシキンは入っていない」と誤解して安心しているかもしれませんが、エトキシキンは多くのペットフードに実質添加されています。「添加しても無表示」のからくりは、前記したようにペットフードに使う動物性蛋白質原料の多くは、エトキシキンが添加されていますが、その原料を使ってもペットフード製造時にエトキシキンを追加して添加しなければ、原材料表示しません。すなわち、チキンミール・ミートミール・フィッシュミールなどの原料製造会社が添加したエトキシキンは原材料表示しません。この隠れ蓑を行政は、消費者の視点でなくペットフード会社の視点で認めているのです。

市販ペットフードに有毒なエトキシキンが添加してあっても、原材料表示しない隠れ蓑（からくり）を知っている飼い主や獣医師は極めて少ないでしょう。ペットフード業界はエトキシキン残留を隠すことなく消費者（飼い主）に知らせる義務と責任があります。消費者が対応を考えるための情報を正確に提供して欲しいです。エトキシキン「実質無添加」のペットフード会社は数社ありますが、その安全性を強力な武器として消費者にアピールしたいです。それによって、エトキシキン「実質添加」の不安全なペットフードは、自然淘汰されることをペット達のために願っています。

4 安全な酸化防止剤に代替が難しい

ペットは動物性の油っぽい食べ物を好みます。それに迎合してペットフードには、動物性油脂を多く含む蛋白質原料をたくさん使います。油脂は酸化すれば異臭などによる嗜好性低下と共に、発がんや老化促進の原因になる物質を産生しますので、酸化防止剤が必要になります。

エトキシキンの毒性は周知されながら、ペットフードに認可されている理由は、ペットフードや畜水産飼料に使う油脂の多い原料（フィッシュミールなど）に対して、エトキシキンの大量添加が国際海上危険物規程で定められているからです。これらの原料にエトキシキンの大量添加が国際規程になった理由は、フィッシュミールなどは酸化し易い油脂を10％前後含みますから、貨物船で大量に輸送する場合、その油脂の酸化熱による火災事故を防ぐためです。なお、使い捨てカイロは鉄粉の酸化熱を利用しています。輸出入する油脂の多い動物性原料に対して酸化防止剤の使用禁止は非常に難しいでしょう。特にエトキシキンについては、我が国が一方的に原料や製品（ペットフード）への添加を法的に禁止すれば、海外品は実質的に日本へ輸出禁止になりますから、それは非関税障壁（関税以外による輸入抑制）になり、国際ルール違反になります。

また、前記の通りエトキシキンは酸化防止効果が抜群に大きく、コスト面からも酸化防止効果のある天然型のビタミンCやEあるいはローズマリーエキスなどに比べて格段に安いのです。

5 実践したいエトキシキン対策

上記のような状況の中で、ペットフード会社に実践して欲しいエトキシキン対策は、先ず「エトキシキンの正直な原材料表示」です。それに次ぐ根本的な対策として、「エトキシキンが限りなく少なく、かつ栄養過剰でない安心なペットフード改革」について後記しますが、ここでは飼い主が対応可能な対策を列記します。

⑴　ヒトの食材（エトキシキン無添加）による手作り食の実践
⑵　やや高価格ながらヒトの食材（エトキシキン無添加）使用のペットフード（例：ピュアボックス社・bdf社など）と手作り食の併用給与
⑶　エトキシキンを実質添加してもエトキシキン無表示のペットフードは購入しない
⑷　公正な分析機関（日本食品分析センターなど）によるエトキシキン分析値の定期的提示をペットフード会社に要請

4　実践栄養学の三原則

1 各動物の基本的栄養は皆同じ

筆者が総合食品メーカーの飼料部門に入社して最初の仕事は養豚飼料の研究開発で、同じ職場（研究所）では牛や鶏や鯉などを飼育していましたが、豚はヒトやペットと同じ雑食、牛は草食の反芻動物で胃袋が四つあり、鶏は素嚢（そのう）や筋胃があり、鯉は胃が無く水中に棲むので、それぞれの栄養は別々と思っていました。しかし、本社に転勤して10種類以上の動物の実践栄養学に独りで携わり、「各動物の基本的栄養は皆同じ」ということに気付きました。その切っ掛けは、入社直後に豚の皮膚病が発覚し亜鉛欠乏であることを筆者は究明しましたが（1961年）、その17年後に鰻の亜鉛欠乏に出合ったことです。

ペットをはじめ動物栄養学の専門家は、動物別に捉え同じ動物に長く携わるほど、その動物の固定観念を作りがちです。昔の比較栄養学は「各動物の栄養は異なる」を前提に、その相違点を比較するだけで満足していました。しかし、基本的栄養は同じの観点に立てば、その枝葉末節的な相違点は本当か？　本当とすれば相違する原因は？　と思考が進展します。隣の動物の実践栄養学を学ぶことで未来を予測し革新的なヒントが得られます。「各動物の基本的栄養は皆同じ」の観点から、ペットフード革命を追い続けています。

❷ 栄養はバランス

蛋白質は生命の誕生や成長に必須ですが、蛋白質の摂り過ぎは肝臓や腎臓に負担をかけるので健康不良になります。ビタミンＤも必須ですが、その過剰のキャットフードを食べた猫の死亡例があります（山根義久)。子豚飼料に微量ミネラルの銅を大量添加すると抗菌効果によって子豚は発育促進されますが、銅と鉄は拮抗しますから鉄不足による貧血症になるので同時に鉄を強化する必要があります（本澤清治ら)。近年は食塩が悪者扱いされていますが、食塩は必須ミネラルで種鶏において不足すればヒナの孵化率が低下しました（菅原徳夫ら)。蛋白質を構成するアミノ酸はバランスが大切と栄養学の初歩で学びましたが、全ての栄養素は不足しても過剰でも良くありません。バランスが大切です。

❸ 栄養必要量は発育などの代謝速度に比例する

アスリートは代謝が速いので、栄養を多く摂りますが、豚の亜鉛欠乏症は、1960年代に残飯養豚から配合飼料養豚に移行して発育が促進した時に発覚しました。その中で発育が速い豚ほど重症でした（本澤清治ら）。鰻の亜鉛欠乏症においても露地池養鰻から保温養鰻になって発育が促進した時に発覚し、群飼の中で発育が速いトビと言われる個体ほど重症でした（池田光一郎ら）。

5 食の安全においてペットとヒトと各動物は密接に関連

❶ 動物横断的な考察が大切

ヒトをはじめ、ペット（犬・猫・セキセイインコ）、家畜家禽（牛・豚・鶏・鶉・家鴨）、淡水魚（鯉・鮎・虹鱒・鰻）、海水魚（鯛・鮁・鮃・河豚）などの実践栄養学に携わって失敗と成功を重ねて半世紀が経ちました。これらの体験から判断すれば、ヒトを含めて各動物における食の安全は、相互に密接な関連があります。ヒトや動物の食べ物に関わる研究者・技術者は、動物別に捉えがちですが「各動物の食の安全は密接に関連」という観点に立って、隣の動物の情報を大切にする感性が欲しいです。ペットフードの研究者・技術者は、ペットの研究が他の動物に比べて世界的に歴史が浅いことを認識してペット単独でなく動物横断的な考察が大切です。

❷ メラミン障害・カネミ油症・狂牛病は動物で先に発覚後ヒトで発覚

中国が震源地の食材へのメラミン（プラスチック原料）添

加によるペットと乳児の腎不全の死亡事故が2007〜2008年に掛けて世界を駆け巡りました。必要性を長年訴えてきた(本澤清治)、「ペットフード安全法」はメラミン障害が切っ掛けになってやっと施行されました(2009年)。

一般的に蛋白質の測定は、それに含まれる窒素を定量分析して、その窒素量に係数6.25を乗じて求めますが、窒素を66%含むメラミンを1%添加すれば分析上の見掛けの蛋白質は4%増加します。ペットフードに使う蛋白質原料や乳製品の見掛けの蛋白質の偽装材としてメラミンが使われたのです。その40年前に我が国でも、メラミン類似化合物のアンメリンによる障害がヒナで発生しています。メラミン同様に見掛けの蛋白質の増量目的でフィッシュミールにアンメリンを添加しましたが、それを食べたヒナが盲目になりました。

食を通してのメラミン障害、カネミ油症、狂牛病(BSE)は、それぞれペット、鶏、牛で先行発覚し、数カ月から数年後にヒトで(狂牛病はヒト変異型クロイツフェルトーヤコブ病として)発覚しています。佐賀県の鶏で先行発覚したカネミ油症を農水省は当時の厚生省に伝えなかったのでヒトにおける対策が遅れて被害が大きくなり問題になりました。英国で先行発覚した狂牛病を我が国は対岸の火事として対策が遅れたので政治的にも大きな問題になりました。前記の第二種疑似科学の代表的例として触れましたが、原因不明のまま2年が経ち農水省は苦しまぎれに肉骨粉原因仮説をねつ造しました。そのねつ造を日本人の99%以上が信じてしまいましたが、筆者ら（木村信煕・三谷克之輔）が当初から疑った通り農水省の最終的なデータを解析すれば、我が国の第一波狂牛病の原因物質は99.99％以上の確率で全農系の子牛代用乳です。

3 鮮度不良の魚肉による食中毒の共通性

ヒトにおいて鮮度不良の魚肉類を食べてじんま疹になることは古くからあります。かつてブロイラー（肉用鶏）飼料には、古い栄養学に基づいて蛋白質原料としてフィッシュミールを５～10％配合していましたが、それを給与したブロイラーに胃潰瘍が多発しました。当初は数年にわたって原因不明で飼料業界で大きな問題になりましたが、原魚の赤身の片口鰯の「鮮度不良＋過熱」による蛋白質由来のジゼロシンが原因と分かりました（菅原道熙ら）。ジゼロシンの生成機序は、鮮度不良の赤身魚⇒細菌によるアミノ酸のヒスチジンの遊離⇒ヒスチジン＋リジンの過熱によるジゼロシンの生成です。その原因解明以来、原魚の「鮮度管理＋加工温度管理」によって解決しました。なお、現在はフィッシュミール価格高騰もあって、ブロイラー用飼料の蛋白質原料は主に「大豆油粕＋含硫アミノ酸」に替わりました。

ヒトでも、鮮度不良の赤身魚⇒遊離ヒスチジン⇒ヒスタミンによる中毒（発熱・じんま疹など）、焦げ過ぎた秋刀魚による胃潰瘍がありますが、鶏の胃潰瘍の発症機序に類似しています。

4 綿・カポックの種実油に含む特異な脂肪酸の生殖毒性の共通性

アオイ科植物の綿やカポックなどの種実油（未精製）に含む特異な脂肪酸（シクロプロペン脂肪酸）を鶏に給与すれば、生殖障害（スポンジ状異常卵・産卵低下・孵化低下）と奇形ヒナ発症が1964年に究明されましたが（杉橋孝夫ら）、それから半世紀経った現在も中国においてヒトと鶏で同脂肪酸が原因と考えられる生殖障害が散発しています。この脂肪酸をネズミの親に給与すれば、死産あるいは子ネズミの性周期異常が報告されています（SHEEHAN, E. T. ら）。

最近筆者らは同脂肪酸を親豚に給与すれば、その子豚に同脂肪酸が母乳を通して移行することを世界的に初めて発見しました。同時にドイツで初発覚以来３世紀にわたって原因不明で症状が狂牛病（BSE）に似ている子豚ダンス病（先天性痙攣症）の原因が同脂肪酸との示唆を認めました。この特異な脂肪酸は我が国で豚肉の締りを良くするために豚に給与する例がありますが、その生殖毒性の脂肪酸が残留する豚肉を妊婦あるいは雌の犬猫が食べれば子供らへの移行による影響が懸念されます。環太平洋パートナーシップ協定（TPP）において、我が国の農畜水産物の「食の安全」は大切な武器です。養豚関係者は目先の利益を優先して、大切な武器（安全）を自ら放棄しています。感性の違いかもしれませんが理解し難いです。消費者の視点で食の安全を真剣に考えたいものです。

5 蛋白質必要量の違う原因

蛋白質の必要量は、代謝速度以外に体の構造と環境温度によっても違いがあります。例えば、鶏や猫は蛋白質（アミノ酸）が主成分の羽毛が多いので蛋白質（特に含硫アミノ酸）の必要量が多くなります。

童謡の「雪やこんこん……犬は庭を駆け巡り、猫はコタツで丸くなる」、また習性的に犬は獲物を追い駆けますが、猫は身を隠して獲物が近づくのを待ちます。猫は、犬に比べて活動的でないので運動エネルギーの消費が少ないです。変温動物（魚類など）は、体温維持エネルギーを殆ど必要としません。したがって、猫や魚類はエネルギー必要量が少なくなるので、結果的に蛋白質 / エネルギー比が高くなります。

6 大豆ミール（大豆油粕）への含硫アミノ酸補足効果の共通性

大豆ミールは、蛋白質源としてペットフードや畜水産飼料に広く使われていますが、栄養的な弱点として含硫アミノ酸が少ないのでフィッシュミールに比べて蛋白質栄養価が劣ります（表10)。その対策として飼料添加物で必須アミノ酸の含硫アミノ酸（メチオニン）を補足すれば、その蛋白質栄養価は鶏・豚・ネズミにおいてフィッシュミール並みあるいはそれ以上に向上しました（鈴木松衛・常盤憲司・岡本昌幸・

本澤清治)。しかし、鯉においてその補足効果は、殆どありません(斉藤孝士)。その原因として、鯉は無胃魚なのでプロテアーゼ(蛋白質分解酵素)の働きが弱く大豆蛋白質の消化に時間が掛かり、大豆蛋白質がアミノ酸に分解して吸収される以前に補足した含硫アミノ酸はエネルギー源として使われて分解消費するからと考察します。なお、含硫アミノ酸の硫黄は体内で最終的に硫酸になって尿として排泄されるので尿の pH に関与しますから、尿路結石に影響します。

7 食物繊維の物理的機能の大切さの共通性

身体の運動によって足腰や循環器などは丈夫になりますが、消化器(口腔〜肛門)は丈夫になりません。消化器は、消化器のウォーキング(ぜん動など)によって丈夫になります。「軟らかい食べ物が多い現代人は、邪馬台国(卑弥呼)当時の硬い食べ物に比べて六分の一しか噛んでいないので、顎が退化して小さくなっている。歯の本数は変わっていないので、歯並びが悪くなっている。」との歯学者の調査報告があります。もう少し幅広く胃腸についても調査していたならば、「顎だけでなく胃腸も退化している。」という興味深い結果が得られたことでしょう。

牛や山羊などの反芻動物は牧草類が必須ですが、その牧草を物理的に細かく刻んで給与すれば反芻が弱くなって健康不良になります(亀高正夫)。繊維も含めて栄養成分量が全く同じでも消化し易いようにトウモロコシなどを微粉砕した配合飼料を食べた家畜（牛・山羊・豚・鶏）の胃腸は、共通して萎縮あるいは表皮が薄くひ弱で炎症や潰瘍になり易いことが実践飼料学で実証されています。ペットやヒトも消化し易いものや軟らかいものばかりを食べていると、消化器は怠けてウォーキングしなくなるので、ひ弱になって便秘や胃がん・大腸がんになり易くなるでしょう。食物繊維は、その化学的機能にとらわれがちですが、消化器をウォーキングさせる物理的機能の嵩（かさ）も大切です。糞が少ないことを自慢するペットフードを見掛けますが、下痢便でない限り「糞の量と腸内の流れ」は消化器のウォーキングが順調な証しですから、消化器の健康バロメーターです。幼齢・高齢、病後などで胃腸が弱い場合は別として、ヒトもペットも身体の運動だけでなく消化器のウォーキングも心掛けたいものです。

8 ビタミンDの欠乏と過剰における共通性

ビタミンDが不足すれば、カルシウム吸収不全によって足がO型に湾曲する「くる病（骨軟化症）」になることは周知されていますが、鶏においてはビタミンD不足（主因）と太陽光不足（副因）によって卵殻色が茶色になる卵殻異常になりました（遠山二郎ら）。順天堂大学の調査によれば、今の女子学生は魚を食べる機会が少ないのでビタミンDの摂取量が不足しています。その対策として、学生食堂のメニューにビタミンDを含む魚料理を積極的に取り入れています（鈴木良雄）。

一方、ビタミンDは過剰症が発生し易いです。すなわち、ビタミンDは脂溶性なので余分に摂れば体脂肪に蓄積されますから毎日摂取しなくても月単位でまとめて摂取しても良いと言われていますが、換言すれば連日過剰に摂取すれば過剰症になります。乳児に必要量の約20倍の1,800国際単位を毎日与え続け数カ月で過剰症が発生することが1938年に報告されています（JEANS, P. C. ら）。それから半世紀以上経ってから、我が国のキャットフードを食べた猫においてビタミンD過剰症による死亡事故が頻発しました。すなわち、山根義久の報告（1998年）によれば、キャットフードにおいてビタミンDの添加に加えてビタミンDを大量に含む「魚の内臓エキス」を猫の嗜好性向上目的で添加したので、ビタミンDが必要量（表５）の100倍になり、全身（特に心肺）にカルシウムが沈着して死亡しました。当該ペットフード会社の技術者は栄養学の基礎を学ばなかったのか、あるいは栄養よりも嗜好性向上に気を取られて栄養学の教科書（芦田淳）に掲載してある「ヒトのビタミンD過剰症」を見落としたのです。当該キャットフード以外の国産キャットフードによる死亡事故は発覚しませんでしたが、ビタミンD過剰のキャットフードは見られました（池田光一郎）。

後日談ですが、ビタミンD過剰症を究明した獣医師は学会賞を授与され、当該キャットフードは商品名を変更して某宗教団体のようにイメージチェンジしました。

表５　ビタミンＤの基準（水分０％乾物１kg 当たりIU[a]）

	必要推奨量	上限量
成犬[b]	550	3,200
成猫[b]	280	3,000
日本成人女性[c]	500	5,000

a 国際単位
b NRC
c 厚労省の１日当たり必要量を食事乾物400ｇとして換算

9 ビタミンE不足の共通性

⑴ 残飯養豚による黄色脂肪症（黄豚（きぶた））

飼料統制の廃止（1950年）、飼料品質改善法（飼料安全法の前身）の公布（1953年）に次ぐ飼料原料の関税ゼロ化（1954年）によって、飼料産業は黎明期を迎えました。

その当時の養豚は食堂や鮮魚店等の残滓を回収して煮沸給与する残飯養豚が主体でしたが、残滓に含まれる古い油脂や鮮度の悪い魚アラ中の酸化油の給与によって、相対的なビタミンＥ不足になり、豚の脂身が黄色（過酸化変性による黄色脂肪症）になりました。この黄豚は、酸化防止効果のあるビタミンＥを実験的に大量投与したことによって予防・改善しましたが、ビタミンＥは高価だったので実用化しませんでした。

⑵ キャットフードによる黄色脂肪症

猫の黄色脂肪症は、体脂肪の脂質過酸化産物の黄褐色セロイド色素沈着によって炎症を生じます。花岡茉利子らは、「キャットフード（総合栄養食）を給与して黄色脂肪症が発覚した」と報告しています（2013年）。

ペットフード中の油脂は、そのままペットの体脂肪に移行蓄積される部分が多いので、ペットフード中の油脂の質（不飽和度や酸化度）・量に対するビタミンＥなど酸化防止物質の不足は、前記の黄豚と同じ黄色脂肪症の原因になります。総合栄養食（特に猫用）は鮮度が良くない家禽油や魚油を大量に含むので、黄色脂肪症になり易いです。

⑶ 養殖魚におけるビタミンＥの欠乏症と大量添加

かつて養殖鯉に蛋白質源としてカイコの乾燥さなぎや魚粉を与えていましたが、これらの原料は酸化した油脂を多く含むので、ビタミンＥ欠乏症（背中が痩せる背こけ）が発生しました。この経験から、エネルギー源として、酸化し易い魚油を大量に給与する鰻や飯などの養殖魚飼料には、酸化防止効果のあるビタミンＥを大量に添加しています。

⑩ ビタミンB_1欠乏症（脚気）の共通性

炭水化物の代謝（エネルギー化）に関与するビタミンB_1は、日露戦争時の船舶食事による脚気発症が切っ掛けになって、鈴木梅太郎が米ぬかから発見しました。それによって、栄養学における微量栄養素のビタミンの歴史が始まったと言われています。その後、鯉においてもビタミンB_1は必須栄養素と報告されています（青江弘）。勿論、犬猫においても必須栄養素です。近年、一人住まいの学生にB_1欠乏症の脚気が発覚しましたが、原因はインスタントラーメン主体の食生活でしたので、現在のインスタントラーメンの殆どにビタミンB_1が添加されています。

なお、水溶性のビタミンB群は、余分に摂れば尿中に排泄されるので過剰症は発症し難いのですが、脂溶性ビタミンのように体内に蓄積しないので、欠乏症は発症し易いです。

⑪ 近年注目されている葉酸

水溶性ビタミンの葉酸は赤血球の形成を促進すると言われています。葉酸が不足するとビタミンB_{12}同様に、脳の神経細胞の活力を低下させて認知症やうつ病のリスクが高まります。また不足すれば、悪玉の活性酸素が増えて生活習慣病のリスクが高まると言われています。世界的には60カ国が穀類に葉酸添加を法的に義務付けています（香川芳子）。我が国では添加物を風評的に嫌う人達の声が大きく、ヒトにおいては実施困難かもしれませんが、ヒト同様に健康が主目的のペットフードにおいては前向きな検討が望まれます。表6の通り妊婦の推奨量が一般成人の２倍ということは、犬猫においても注目したいです。

日本食品標準成分表によれば、葉酸が豊富な食べ物は葉野菜類・海藻類・内臓類などです。葉酸を強化した「葉酸たまご」も市販されています。

表６　葉酸の基準（水分０％乾物中 ppm）

	推奨量
妊娠犬[a]	0.27
妊娠猫[a]	0.75
日本人妊婦[b]	0.96

a NRC
b 厚労省の１日当たり必要量を食事乾物500g として換算

⑫ 食塩の欠乏と過剰における共通性

食塩（塩化ナトリウム）は全ての動物において必須栄養素ですから、摂取量が少なければ欠乏症になります。食塩を一方的に悪玉扱いするのは如何なものでしょうか。日本人の平均摂取量は多くても、個々には食塩の制限し過ぎによる熱中症もあるでしょう。例えば、日本人の食塩の平均摂取量が１日当たり10g とすれば、その中には15g のヒトや５g のヒトもいます。15g は過剰ですが、５g のヒトがさらに少なくすれば、熱中症に罹り易いでしょう。近年、熱中症が多いのは罹り易い高齢者の人口が増えたこともありますが、食塩の制限し過ぎも影響しているかもしれません。栄養はバランスです。

ヒトの食事は食塩が多いので、猫に与えない方が良いと言われていますが、食塩の摂り過ぎが良くないのはヒトでも常識です。外食産業や加工食品においては味を良くして売り上げ増加目的で食塩量を多めに使いますが、家庭料理の食塩量は減少傾向です。ペットとヒトにおける食塩の基準は表７の通りで、市販キャットフードはヒトの基準や食事より必ずしも少ないとは言えません。ペットの食塩基準と市販ドライペットフード（水分10％）の表示例において、猫の食塩は犬に比し約２倍です。猫は特に嗜好性にこだわりますが、殆どの動物同様に猫は塩分の濃い味を好むことに迎合した結果と考えられます。ヒトの外食産業の塩分が濃くなっていることに相通じます。

日本人女性の「最小必要量」はナトリウム出納によって栄養・生理学的に求めたもので、「目標値」は味覚・調理学を考慮して設定したものです（厚労省）。

動物に自由飲水させた場合、飲水量は食塩摂取量に比例しますが、糞と尿の総排泄腔を持つ鶏は飲水量に比例して必然的に軟便～水様便になります。産卵性能が優れた鶏ほど飲水量が多く水様便になりますが、水様便を防ぐために食塩量を制限し過ぎた結果、有精卵の孵化率が低下しました（菅原徳夫）。野生の鹿が増え過ぎて森林破壊の一因になっていますが、鹿の増殖の主因として、高速自動車道に凍結防止剤として撒く食塩が挙げられています。森林に棲む鹿にとって不足しがちな食塩を摂取できるので、繁殖旺盛になっていると言われています。また、戦国時代に越後の上杉謙信の「敵（甲斐の武田信玄）に塩を送る」は、食塩不足⇒食欲減退⇒戦意喪失を助けて対等の戦いに挑んだ故事と言われています。

エスキモーの食塩摂取量は僅か２g/日と少ないので、高血圧による脳溢血が少ないと言われていますが、次のような影響も考えられす。

(1) エスキモー居住地は寒いので汗による塩分排出量が少なく食塩摂取量も少なくて良い。
(2) 同様に35℃以上の猛暑日は無いので熱中症予防としての食塩を余分に摂る必要はない。
(3) エスキモーは魚類を多く食べるので血液をサラサラにするEPAの摂取量が多い。

表７　食塩の基準（水分０％乾物中％）と表示例（原物中％）

	最小必要量	推奨量
成犬[a]	0.08	0.20
成猫[a]	0.16	0.16
日本成人女性[b]	0.38[c]	目標値2.0未満
ドッグフード表示例	0.3〜1.0	
キャットフード表示例	0.6〜2.0	

a NRC
b 厚労省の１日当たり必要量を食事乾物400gとして換算
c 推定平均必要量

⑬ カルシウムの欠乏と過剰における共通性

骨の主要成分は、水分を除いて蛋白質、脂肪、カルシウム、リン、マグネシウムと微量ながら重要な亜鉛です。その中で、通常の食事をしていて不足し易い栄養素はカルシウムと亜鉛です。

カルシウムが欠乏すれば骨粗しょう症（ヒト・産卵鶏）や卵殻不良（成鶏）になりますが、産卵前の大雛において過剰に給与すれば猫のビタミンD過剰症のように腎臓などがカルシウム沈着症になります（山本重一郎）。

⑭ マグネシウムの欠乏と過剰における共通性

マグネシウムは代謝に関与する多くの補酵素の構成成分で重要なミネラルです。ヒトにおいてマグネシウムの欠乏症はよく知られていますが、その症状は食欲低下、疲労感、痙攣、不整脈などです。草食性の反芻家畜（牛・山羊・緬羊）でもマグネシウムの欠乏症が発覚していますが、症状は興奮、痙攣などの神経症状です。その主因はマグネシウム（苦土）が少ない土地で生産された牧草はマグネシウム含量が少なくなり、それを給与したためと言われています。

過剰症は天然物の食事・飼料を食べている限り、ヒトも動物も殆ど発覚しません。

⑮ 亜鉛の欠乏と過剰における共通性

⑴ 亜鉛の用途と働き

亜鉛の用途は工業資材と栄養素の二つあります。工業資材としての亜鉛は電池の負極材料あるいはトタンなどの亜鉛メッキに使われますが、栄養素としての亜鉛は骨・歯を主体に肝臓・腎臓・脾臓・筋肉に存在し、人体に約２g含まれています。体内の亜鉛の機能は補酵素として、多くの酵素の活性化に関与して新陳代謝を促進するという重要な働きをしています。

⑵ 亜鉛欠乏症

1960年代初頭に我が国の豚で原因不明の皮膚障害が発覚しましたが、筆者は亜鉛欠乏であることを究明し、硫酸亜鉛を用いて自社の養豚飼料に亜鉛を50ppm添加することで解決しました（1962年）。その17年後にボイラー保温養鰻において、亜鉛欠乏による皮膚異常（厚く硬い）⇒肥満的な短躯(通称どじょう鰻)⇒一部の鰻に頚骨の圧縮変形が発症しました。その成鰻の市場価値が無くなることから、ユーザー（養鰻家）に見舞金を支払ったので数億円の損失が出ました。

なお、豚と鰻の亜鉛欠乏症において、発症する個体と発症しない個体もありましたが、両者とも発症した個体は、飼料を沢山食べて発育（代謝）が速い個体でした。

亜鉛などの微量ミネラルは水に溶けているので養殖魚の

飼料には添加する必要はないとの考えでした。シラス鰻（0.2 g/尾）から体重が1,000倍の成鰻（200 g/尾）になるまで２年以上かかる露地池養鰻では問題なかったのですが、ボイラーによる保温養鰻では発育（代謝）が２～３倍速くなり亜鉛欠乏症になりました。養鰻飼料の主原料の当時のフィッシュミールが加工方法の変更で亜鉛含量が少なくなったことも多少影響しました。

亜鉛欠乏によるヒトの皮膚炎・味覚障害・成長障害（短躯）・免疫低下・インスリン低下が注目されています。かつてヒトの胃ろう食で亜鉛欠乏が発覚したので、現在は亜鉛を強化しています。筆者は大腸憩室出血で救急入院した折、先ず生理食塩水の点滴をしましたが、回復期になれば糖類をはじめアミノ酸、亜鉛などの入った点滴になりました。

日本愛玩動物協会のセミナーで荒井延明獣医師は、亜鉛欠乏による皮毛障害が手作り食の室内犬において、発覚していると報告しています。その原因として犬とヒトの亜鉛必要量の違いを挙げていますが、ヒトにおいても亜鉛欠乏は報告されていますので、亜鉛必要量の違いだけでないと思います。すなわち、亜鉛は海水や土に含まれていて魚介類（特に牡蠣）に多く含まれていますが、室内犬は土との接触が少ないことも影響していると考えます。

NRCの亜鉛推奨量は、ドッグフード（水分０％乾物）kg当たり子犬100 mg、成犬60 mgで、ヒトの数倍で家畜や養殖魚並みです。前記の通りヒトや家畜・養殖魚で亜鉛欠乏症が発覚していますが、犬で発覚が遅れた理由として、従来の犬は通常室外で飼うので土との接触機会が多く土中の亜鉛を取り込めたことが考えられます。しかし、最近の室内犬はカートに乗せたり抱いて散歩するなど土との接触が少なくなっているので、地面を掘って口の周りが泥だらけになったり、体に付着した泥を舐めるなどの食事以外からの亜鉛取り込み量が減っていると考察します。また、地域の違いや地下水と水道水の違いや浄水器の有無などによる「飲水中に僅かに溶存する亜鉛の濃度」の影響も考えられます。

⑶ 亜鉛過剰症

亜鉛過剰の事故はボイラー保温養鰻における欠乏症発覚の５年前（1974年）に発覚しました。体を震わせながら水面を泳いで急死することから、「ピリピリ病」と通称しました。原因はボイラー保温池の配管設備やシラス鰻移送ケースの亜鉛メッキが古くなって、飼育水への亜鉛溶出による亜鉛過剰症でした。

ヒトの栄養基準において上限量を設定している栄養素は数少ない中で、亜鉛についてはビタミンＤと共に設定されていて過剰症の危険性を警告しています。

表8　亜鉛の基準とドライフード分析値（水分0%乾物中ppm）

	推奨量	上限量
成犬[a]	60	
成猫[a]	74	
日本成人女性[b]	23	88
ドッグフード分析値 キャットフード分析値	190（8点平均）[c] 130（7点平均）[c]	

a NRC
b 厚労省の1日当たり必要量を食事乾物400gとして換算
c 中田裕二ら（分析試料の水分10%として水分0%乾物中に換算

余談ながら前記の鰻（日本鰻）は、フィリピン海のマリアナ海溝で産卵・孵化後、プランクトンになって黒潮に乗りシラス鰻として日本の河口で採取されます。人工孵化による完全養殖は長年の夢ですが、近年実験室的に成功し、事業化が始まりました。課題はシラス鰻の生産コストで、実験室的コストの50分の1の100〜200円/尾まで下げるのが目安と思われます。

6　猫は肉食動物という間違い

ペットフード業界は、犬は先祖がオオカミの流れから肉食動物としていましたが、近年雑食動物であることを認めました。しかし、猫については依然として肉食動物としています。その理由は、科学的な根拠でなく、商売上の都合です。すなわち、肉食動物であれば蛋白質の必要量が多いので手作り食（いわゆる猫まんま）でなく、蛋白質の多いキャットフードが望ましいというコマーシャル的誤説です。また、一般的に蛋白質原料は高価なので、蛋白質が多ければ販売価格を高く設定できるため売上高に寄与します。

家畜の定義は、「ヒトにとって役立つように改良された動物」ですから、犬猫は共に家畜ですが、かつての猫の主な役目はネズミを捕獲・駆除することでした。しかし、近年のペット化された猫の主な役目は、猫カフェで代表されるようにヒトの癒やしなどのアニマルセラピー的ペットで、ネズミの捕獲・駆除は役目でなくなりました。それに伴って食性が変化し、それに対応して消化・代謝機能も進化しました。猫は肉食性との思い込みから、澱粉が主成分の穀類の消化率は低い（約50%）と誤解されていましたが、表９の通りNRCは猫における穀類の代謝エネルギーは高い、すなわち消化率は高い（90％以上）ことを証明しています。澱粉が主成分の穀類の代謝エネルギーは、雑食性の犬と殆ど同じです。

一方、動物性蛋白質類（チキンミール・ミートミールなど）においては、肉食性と誤解されている猫の代謝エネルギーが犬よりも僅かですが、低いことに注目したいです。猫が実質的に肉食性であれば、動物性蛋白質類における猫の消化力は雑食性の犬よりも高いはずです。

かつて猫は食肉目に分類されていましたが、動物分類は食性によって分類したものでありません。例えば、旧食肉目（現ネコ目）のジャイアントパンダは、主食が竹ですから肉食動物でありません。1988年に当時の文部省は、食肉目＝肉食動物との誤解を防ぐために食肉目の訂正の必要性に当たって、食肉目を親しみ易い「ネコ目」に訂正しました。しかし、未だに「猫⇒食肉目⇒肉食動物」との誤解が後を絶ちません。肉食動物とは、「生きた哺乳動物を捕獲して食べる動物」で、ライオンに代表されますが、広義には「肉類を主食とする動物」とも言えます。近年のペット化した猫は、哺乳動物のネズミを捕獲して食べませんから肉食動物と言えませんが、多くの猫は主原料が穀物のドライキャットフードを食べているので、広義の肉食性動物とも言えません。しかし、一旦風評が立つと、それは間違いと分かってもなかなか修正できません。例えば、「卵はコレステロールが多いので血管を硬化する」は間違いと分かって数十年経ちますが、未だに日本人の半数くらいが修正できないことに似ています。

7 ペットフードと畜水産飼料に使われている主な原料

❶ ペットフードと畜水産飼料の原料は基本的に同じ

ドライペットフードと畜水産飼料の原料は基本的に同じですが、その製品（ペットフードと畜産飼料）の製造法は違います。すなわち、ドライペットフードは加圧加熱（約120℃）し発泡ペレットに加工して炭水化物の消化性を向上しますが、畜産飼料の多くは加熱しません。両者の原料の殆どは輸入品ですが、その輸入原料は輸入製品も含めて国内畜産の振興目的で関税はゼロです。ペットフード原料も関税ゼロの理由は、ペットフード産業が畜産飼料会社の副業として発祥し発展したことと関係があるでしょう。例えば、輸入トウモロコシを畜水産飼料に使えば関税ゼロですが、食品原料として使えば関税は掛かるので、その仕分け管理が厳しいのです。その仕分け管理を同一工場で行うのは困難なことに配慮したものと思われます。

❷ 穀物とグルテンミール

穀物は、主にエネルギー源として最も多く使われている原料です。その中ではトウモロコシ（コーン）が一般的で、麦類や玄米・醸造用屑米やマイロ（ソルガム）なども使われています。未精製の穀物は、表９の通り主成分の可溶無窒素物（可溶性炭水化物）は70％前後で、蛋白質10％前後、油脂３％前後を含み、食物繊維・ビタミン・ミネラルも比較的バランス良く含みます。玄米が白米よりも栄養的に優れているのは周知の通りです。なお、コーンとは「代表的な穀物」を意味しますので、アメリカや日本ではコーン＝トウモロコシ（メイズ）ですが、コーン＝大麦の地域もあります。

ペットフード業界では、澱粉工業においてトウモロコシから分別した「コーングルテン」や小麦から分別し麩の原料にもなる「小麦グルテン」を穀類に入れる例も見られます。しかし、グルテンミールは主成分の「蛋白質」を55〜70％含みますので、主成分が「可溶無窒素物」で蛋白質は10％前後のトウモロコシや麦類の仲間に入れるのは栄養学的に違和感があります。「窒素を含む蛋白質」が多いグルテンと「窒素を含まない可溶無窒素物」が多い穀物は、栄養的に全く異なります。グルテンミールは、植物性蛋白質類として扱うのが適切でしょう。

ペットフードが科学的に遅れている例として、1980〜2005年頃に掛けて頻発しましたドライフードによる猫ストルバイト尿路結石症の間違った対策の低マグネシウム化について後記しますが、この低マグネシウム化の手法は、蛋白質原料の中でマグネシウムが最少のコーングルテンミールを使います。澱粉工業は湿式製粉（小麦粉は乾式製粉）で、コーンを弱酸性の希薄な亜硫酸溶液に数十時間浸漬しますが、コーン中のマグネシウムの大半は亜硫酸溶液に溶出しますから、グルテン蛋白質のコーングルテンミールのマグネシウム量は少なくなります。一方、コーンの皮の部分のコーングルテンフィードは、マグネシウムが溶解している浸漬液を濃縮したコーンスチープリカーを還元添加・乾燥しますので、マグネシウム量は多くなります。

3 チキンミール（家禽肉骨粉）

穀物に次いでドライペットフードに多く使われている原料で、主要な蛋白質原料です。家禽（鶏・七面鳥など）の不可食部（ガラ・頭・足・臓物など）を加熱（一部脱脂）⇒乾燥⇒粉砕してミール状にしたもので、主成分の蛋白質は60%前後、油脂は12〜15%です（表９・表10）。カルシウムとリンも各々数パーセント含みますのでミネラル源としても有効です。

チキンミールの素材に足や頭も使うことを嫌う飼い主もいますが、ペット達は好んで食べます。我が国では肝臓を焼き鳥などの食材として使いますので、国産チキンミールには肝臓が入っていませんが、肝臓も入っているアメリカなどのチキンミールの方がペットの嗜好性は良いようです。鶏の足（もみじ）・頭や豚の足は中国料理の貴重な高級食材です。かつて、スズメは頭も丸ごと焼いて美味しく食べていました。今でも鯛の頭やエラは焼いてあるいは潮汁にして美味しく食べます。家畜家禽や魚の命を頂いているのですから、無駄にすることなく有意義に活用したいです。

チキンミールの課題は原料の鮮度と衛生管理ですが、問題はチキンミールに含まれる油脂の酸化防止に使う有毒なエトキシキンです。

4 ミートミール（肉粉・肉骨粉）

肉粉と肉骨粉は基本的に同じ物で、素材は牛・豚・緬羊などの不可食部（骨・皮・頭・足・内臓など）ですが、肉粉は肉骨粉よりも骨が少ないので蛋白質が数パーセント多く（表9）、そのぶん灰分（リン酸カルシウムなど）がやや少ないです。

かつては主要な蛋白質源やミネラル源として使われていましたが、狂牛病（BSE）が発覚してからBSE病原体の異常プリオン蛋白質が混入する恐れがあるとして、畜産飼料への規制もあり使用量は少なくなりました。かつて農水省の統計では、家禽素材（ガラ・内臓など）のチキンミールを「家禽の肉骨粉」として広義に解釈し、家畜素材の肉骨粉の集計に入れていましたが、我が国でBSE発覚の折、肉紛・肉骨粉の正確な使用量が混乱して消費者の不信を受けました。チキンミールは別扱いするのが栄養成分上からも正しいでしょう。肉粉・肉骨粉はチキンミールに比べて蛋白質が少ない分、ミネラルのカルシウムやリンが多いです。

肉粉・肉骨粉は動物性蛋白質ということで、その蛋白質栄養価は高いと誤解されていますが、その蛋白質の多くは骨皮由来のコラーゲンですから、必須アミノ酸のメチオニンなどの含硫アミノ酸が少ないので蛋白質栄養価は、表10の蛋白質原料の評価の通り低いです。中でも輸入物は、素材の鮮度・衛生管理が悪く異臭がするものもあります。有毒な酸化防止剤エトキシキンの有無も問題です。長年、配合設計業務に携わりましたが、肉粉・肉骨粉は「蛋白質源」でなく「リン源」として、牛用飼料以外に使用しました。「蛋白質源」としては表10の通り大豆ミールの方が良質で安価ですし、牛用飼料にはフィチン態リンの多い糟糠類を沢山使いますが、犬猫などの単胃動物にとって利用困難なフィチン態リンを牛の第一胃（反芻胃）の微生物が利用可能なリンに変換します。したがって、牛用飼料は糟糠類中のリンで十分ですから、通常は肉粉・肉骨粉を蛋白質源としてもリン源としても使いません。牛用に無理して使えば、原料コストは高くなります。肉粉と肉骨粉は成分的に殆ど同じですが、米国ジョージア大学の飼料成分表では、蛋白質が55%以上を肉粉、50%以下を肉骨粉に仕分けています。骨の主成分は水分を除けば蛋白質と脂肪とリン酸カルシウムですが、肉粉の素材は40％くらいが骨、肉骨粉の素材は50％くらいが骨でしょう。

かつて肉粉・肉骨粉をペットフードの主要な蛋白質源として使用していた当時、猫のストルバイト尿路結石症が頻発しました。その結石原因として、マグネシウム過剰説が風評的に浮上しましたが、本当の原因は肉粉・肉骨粉の多量給与です。詳しくは後記しますが、硫黄を含むアミノ酸（メチオニンなど）の硫黄は、尿中に硫酸として排泄されるので尿の酸性化に寄与します。しかし、肉粉・肉骨粉は含硫アミノ酸が非常に少なく、当時はメチオニンの補強添加も不十分でしたから、肉粉・肉骨粉の多量給与⇒硫黄不足による尿の中性・アルカリ化⇒ストルバイト析出⇒尿路結石症になりました。狂牛病発覚後はストルバイト尿路結石症が減少しました。その理由についてペットフード業界は気付いていませんが狂牛病発覚以来、肉粉・肉骨粉に替わって蛋白質中の含硫アミノ酸が肉粉・肉骨粉よりも多いグルテンミールやチキンミールや大豆ミールを使うようになったことに加え、含硫アミノ酸のメチオニンの補強添加が普及したからです。

5 フィッシュミール（魚粉）

魚粉は脱脂粉乳を除いて一般的な原料の中で最も高価で、その品質は千差万別です。水産飼料の主原料として使われる高質な魚粉は、素材として南米産の片口鰯（アンチョビー）などを丸ごと使うので蛋白質含量が65％以上です（表10）。

低質な魚粉は、素材として魚の食用部分を除いたアラ（頭・背骨・内臓・尾ひれなど）を使います。魚骨が主体のアラは灰分が多く、蛋白質とメチオニン含量は低く、その栄養価は肉粉・肉骨粉よりやや優れていますが、チキンミールに比べて劣ります。栄養成分はミートミールに似ていて、蛋白質50〜55％、油脂10％前後、カルシウムとリンは各々数パーセントですが、価格的に高価なのでコストパフォーマンスは割高です。

問題点はチキンミール同様、油脂の酸化防止目的に使う有毒なエトキシキンの有無です。

❻ 大豆ミール（大豆油粕）

大豆ミールは畜産飼料の主要な蛋白質源ですが、ペットフードや水産飼料にも補助的な蛋白質源として使われています（表９・表10）。大豆から油を回収した残りで油粕の名称からは滓（かす）のイメージがありますが、畑の肉と言われている大豆は、蛋白質が豊富で食品の豆腐や味噌の原料にもなります。油脂は１％前後で、主成分の蛋白質は44％（薄皮入り）〜48％（薄皮除去）含まれていますが、カルシウムやリンなどのミネラル類はあまり含まれていません。

蛋白質のアミノ酸バランスは含硫アミノ酸がやや少ないの

で、メチオニン（含硫アミノ酸）を添加強化すれば、高質なフィッシュミール並みの蛋白質栄養価になります。しかも、大豆ミールには、酸化防止剤の有毒なエトキシキンは添加されていませんので安心です。健康を目的にするペットフードの蛋白質源として、コーングルテンミールや小麦グルテンミール同様に適しています。大豆ミールのアミノ酸栄養上の短所は、含硫アミノ酸（メチオニン＋シスチン）が少ないことで長所はリジンが多いことですが、グルテンミールなどの穀物蛋白質は、大豆ミールの逆で含硫アミノ酸が多くリジンが少ないので、両者の組み合わせは互いに補完し合って相乗効果を生みます。その点から、きつねうどんは蛋白質栄養的に優れています。

7 燃料用アルコール蒸留粕（DDGS）

燃料用アルコール蒸留粕は、トウモロコシなどの穀物の澱粉質をアルコール発酵した蒸留残渣です。製法的には飲用アルコールのウイスキー蒸留粕や酒粕に似ていますが、燃料用アルコールは穀物を丸ごと使って促成発酵するので栄養成分が残っています。我が国において、2000年以前のアルコール蒸留粕は大麦などを飲用アルコール発酵したウイスキー蒸留粕でしたが、2003年に筆者らは日本畜産技術士会としてアメリカ穀物協会から我が国における燃料用アルコール蒸留粕の市場開発を依頼されて市場創出に成功しました。この燃料用アルコールは、自然に優しい再生可能エネルギーですから、今後も持続可能な飼料原料として生産量は伸びることでしょう。

蛋白質は26〜33%、油脂7〜11%、消化吸収の良い有効リンも豊富に含み価格は比較的安いことから畜産飼料の原料として先行使用されましたが、ペットフードにも適しています（表9）。酸化防止効果のある天然型のビタミンEを比較的多く含むこともあって、有毒なエトキシキンは無添加ですから、ペットの安心のために今後の使用量が増えることを期待します。

なお、穀物はヒトの食料でもありますから、食料不足の国や地域もある中、燃料用に使うべきでないとの考えも根強いです。そのことを考慮すれば、食料と競合せず地球上の有機物の中で最も多いセルロースを含む木や葉を用いた燃料用アルコール発酵は魅力的ですが、その実用化の鍵は実践的に有効なセルラーゼ（繊維分解酵素）の開発でしょう。

8 油　脂

ドライペットフードに含まれる油脂は、穀物やチキンミール由来の他に、牛脂・豚脂・鶏油・魚油、植物性のパーム油・大豆油などが使われます。必須栄養素のn-6脂肪酸（リノール酸・γ-リノレン酸など）は大豆油やトウモロコシ油などに、n-3脂肪酸（EPA・DHA・α-リノレン酸など）は魚油やアマニ油に多く含まれています。n-6とn-3のどちらも重要ですが、両者をバランス良く摂取することが大切です。n-6：n-3の比率は２：１〜４：１程度が良いと言われています。

油脂は酸化すれば有害です。鶏とヒトにおいて、油脂のPCB（ポリ塩化ビフェニル）混入事故（カネミ油症）がありました。中国では下水から回収した俗称「下水油」が食用油として流通しています。有害物は脂溶性が多いですから、油脂の品質には注意しましょう。全ての食べ物・栄養素は食べ過ぎれば有害ですが、油脂の摂り過ぎも健康に悪いです。魚や肉の美味しさは、それに含まれる油脂の質と量に影響されますが、嗜好性向上を目的に油脂を多く添加したペットフードは避けたいものです。なお、一般的には融点が低く常温で液状のものを油、融点が高く常温で固体のものを脂肪と呼んでいます。

9 食物繊維類

食物繊維は「ヒトの消化酵素で加水分解されない難消化成分」と近年定義され重要視されましたが、それより遥か前から牛などの反芻動物や豚にとって食餌性の繊維は重要な飼料成分ということが分かっていました。ペットにおいて「肥満は（飼い主の）虐待」ですから、ダイエット用のペットフードが重宝されます。その食物繊維源としては、甜菜（砂糖大根）から砂糖を抽出加工した残渣のビートパルプやピーナッツ殻などが使われています。ピーナッツ殻はヒトの食べ物でないとして嫌う飼い主もいますが、飼い主が責任者の肥満ペットにとっては貴重なダイエット用の食物繊維源です。小麦フスマは、三大栄養素（蛋白質・脂肪・炭水化物）をバランス良く含み食物繊維源やリン源としても有効で、多くの原料（単体）の中で栄養素的に最もバランスが良い原料です。例えば、トウモロコシあるいはフィッシュミールなどを単体で食べても健康は保てませんが、小麦フスマだけを食べ続けても健康を比較的保てるでしょう。その点では、栄養バランスに優れた牛乳に次ぎます。

⑩ 添加物

添加物を否定する意見もありますが、添加物の中には健康に役立つものも多々あります。ペットフードには飼料添加物（抗菌性飼料添加物を除く）と食品添加物が使われます。ビタミン・ミネラル・アミノ酸などの栄養素の添加物は、飼料添加物でも良いですが、ペットフードの酸化防止剤や保存料などについては、健康重視の食品添加物を限定使用したいものです。この考えから最大の問題点は、生産性重視の飼料添加物の有毒なエトキシキンです。

チキンミールやフィッシュミールや肉粉・肉骨粉の油脂は酸化すれば有害ですが、その酸化を防ぐために使うエトキシキンは酸化した油よりも有害です。油脂を10％前後含むこれらの原料を輸入する場合、船に大量バラ積みすれば、使い捨てカイロの「鉄粉の酸化熱」と同じ原理で、これらの原料中の「油の酸化熱」で船火災を起こすことがありますので、それを予防するために有毒ながら酸化防止力が強く価格が安いエトキシキンを大量添加します。

しかし、これらの原料に添加されているエトキシキンは、ペットフードの原材料表示の対象外です。畜水産物の生産が主目的の畜水産飼料に使うのは仕方ないとしても、ペットの健康が主目的のペットフードには、健康目的の食品添加物に限定したいです。エトキシキンは、有毒なので食品添加物には認められていません。

表９　NRC ペットフード原料成分表[a]（抜粋）と AAFCO 計算式[b]による代謝エネルギー

	蛋白質 %	脂肪 %	NFE[c] %	代謝エネルギー（kcal/g）		
				犬[a]	猫[a]	犬猫[b]
トウモロコシ（全粒粉）	8.1	3.6	74.8	3.72	3.71	3.21
大麦（殻付き）	12.3	2.2	68.1	3.81	3.80	3.00
小麦	13.7	1.9	70.1	3.62	3.61	3.09
飼料用小麦粉（末粉）	16.6	4.0	56.9	3.72	3.70	2.91
玄米	7.5	2.7	75.4	3.59	3.57	3.13
小麦フスマ	15.5	4.1	56.8	3.66	3.64	2.88
米ぬか	14.0	13.8	42.0	3.86	3.79	3.13
コーングルテンフィード	21.3	3.1	48.9	3.51	3.49	2.72
大豆ミール（薄皮除去）	48.2	1.0	30.7	3.66	3.66	2.85
コーングルテンミール	56.3	2.2	23.8	3.94	3.93	2.99
チキンミール	59.0	13.5	3.0	3.96	3.89	3.32
肉粉	54.1	11.8	3.7	3.62	3.56	3.03
肉骨粉	50.9	9.8	11.3	3.61	3.56	3.01
魚粉（中質）	62.5	9.5	0.2	3.72	3.67	3.00
魚粉（低質）	53.0	11.0	0	3.35	3.30	2.79
燃料用アルコール蒸留粕	26.8	9.0	41.2	3.92	3.88	3.15
ビートパルプ（甜菜粕）	8.8	1.0	51.1	2.95	2.95	2.18
飼料用酵母（トルラ）	47.9	2.3	32.2	3.69	3.68	3.00

a NRC の犬猫栄養基準付表（原物中実測値）
b AAFCO のアットウォーター変法（蛋白質％×3.5＋脂肪％×8.5＋NFE％×3.5）による計算値
c 可溶無窒素物（可溶性炭水化物）

⑪ 蛋白質原料の評価

表10はパイロット動物のヒナによる評価ですが、犬猫においても参考になるでしょう。蛋白質の栄養価は、主にアミノ酸バランスによって決まります。したがって、複数の蛋白質原料の組み合わせ、あるいは不足する必須アミノ酸を補足添加すれば、相乗効果によって蛋白質の栄養価は向上します。表10の蛋白質の評価は蛋白質原料個々に行っていますが、例えば大豆ミールは不足気味の含硫アミノ酸（メチオニン）を補足添加すれば、その蛋白質評価は魚粉（中質）以上に向上します。しかし、肉粉・肉骨粉の蛋白質の低評価は、消化性や含有油脂の品質の問題もありますので、アミノ酸バランスを補正しても改善しません。

表10　蛋白質の含量とヒナによる評価（岡本昌幸・本薗幸広）

蛋白質原料	サンプル数	蛋白質含量[a]	蛋白質の評価[b]
全卵粉		52	100
チキンミール	18	59	97
肉粉・肉骨粉	99	52	60
フィッシュミール（高質）	139	66	112
大豆ミール（薄皮付き）	14	45	97

a 原物中％
b 全卵粉の評価100に対する指数

8 ペットフードと食品と畜水産飼料の違い

ペットフードの第一の目的は、ヒトの食品に同じく健康です。畜水産飼料の目的のような畜水産物生産ではありません。また、ヒトの食品は殆ど「副食」ですが、ペットフード（総合栄養食）は畜水産飼料に同じく「主食」です。この健康目的か生産目的か、主食か副食かは大変重要です。すなわち、ペットフード（総合栄養食）は、その一品だけを毎食10年以上食べ続けても健康な完全食が求められますが、現在のペットフードは未完成です。この主食か副食か、目的が健康か生産性かは、通常の食品や畜水産飼料と決定的に異なります（表11）。

ペットフード産業は、畜産飼料会社の副業として発祥したこともあって生産性目的の名残が見られます。ヒトは毎日数十品目の食品を食べますから栄養バランスを取り易く、家畜家禽や養殖魚は健康を犠牲にしても畜水産物を優先的に生産します。これらの点でペットフードは、食品や畜水産飼料に比べて栄養学的に難しく責任が重いのです。これらの相違点の理解がないペットフード作りは無責任です。

表11　ペットフードと食品と畜水産飼料の比較

食べ物	主な目的	主な使い方	目的達成の対策例
ペット総合栄養食	健康	主食	総合栄養食＋手作り食
ヒト食品	健康	副食	30品目以上の摂取/日
畜水産飼料	生産	主食	コンピュータで配合設計

9 ペットフード学は食品学や飼料学に比べて半世紀遅れている

1 ペットフードと食品と畜水産飼料の合目的な進歩度

ペットフードは間違いだらけで、誤解と風評がはびこっています。それはペットフード学が食品学や飼料学に比べて、半世紀遅れているからです。ペットフード関係者は認めたくないと思いますが、その遅れを率直に認めることが、ペットフードの間違いを正す第一歩になるでしょう。

ペットフードと食品の食べる主な目的は「健康」で、畜水産飼料の主な目的は「生産」です。食べる目的が異なるので、それらの進歩度を単純に比較するのは難しいのですが、例えば現在のブロイラー（肉鶏）飼料は、ブロイラーの持つ肥育性能（生産性）を100%近く引き出します。一方、現在のペットフードは、ペットの持つ寿命（健康性）の75%程度しか引き出していないと推測します。すなわち、栄養学的に完全食の合目的な進歩度を指数で100とすれば、ペットフードの合目的な進歩度は75程度です。換言すれば、ペットの寿命はペットフードの完全食化によって、25%引き伸ばせる可能性があります。ちなみに、採卵鶏飼料の合目的な進歩度指数は95、養豚飼料90、養牛飼料85、養殖魚飼料は魚種によって60〜90の範囲と推測します。

これらの進歩度の差異は、各動物の実践栄養学の実験の難しさが影響しています。健康が主な目的のペットフードは、その指標が抽象的でデータを数値化し難いこと、動物福祉の関係から虐待になり兼ねない厳密な動物試験は難しいこと、研究の歴史が浅いことが進歩度の遅れに影響しているのでしょう。家畜の最初の栄養基準はNRCによって1944年に策定されましたが、ペット（犬）の最初の栄養基準は1962年に策定されました。この18年の遅れは、ペットフードの研究の歴史が浅いことを示しています。

畜水産においては、家畜・家禽・養殖魚が持つ性能をできる限り100％発揮させるための飼育管理と飼料が求められます。畜産学の進歩は、育種学、飼育管理学、栄養学の三つ巴戦による切磋琢磨の賜物です。畜産の中でも合目的に最も進歩しているブロイラーは、比較的小型なので動物試験の供試羽数を多く設定し易く、体重や食下量の測定も容易でデータの信頼度も高く研究が容易です。大型の牛は供試頭数を揃えるのに手間取る上、胃袋が四つあって単胃動物に比べて消化方法も複雑なので研究が難しいです。多くの養殖魚、特に海水魚は、「産卵⇒孵化⇒稚魚⇒成魚⇒産卵」の生活サイクルを人為的に管理し難いことも、海産養殖魚飼料の合目的な進歩度が低い一因でしょう。

もしも筆者がタイムスリップして20代に若返るとすれば、合目的な進歩度が遅れている、ペットフードあるいは海産養殖魚飼料の研究に携わりたいと思います。

なお、ヒトの実践栄養学の進歩度指数は国・地域によってバラツキが大きく示し難いのですが75〜95の範囲と推測します。『食卓の品格』（香川芳子）によれば、最先端の実践養学は近年目覚ましい進歩があります。ヒトと同じ健康を主な目的にするペットフードの関係者は、ペットとヒトは違うと思い込むことなく、ヒトの実践栄養学を学びたいものです。

2 ペットとヒトと家畜の栄養基準の科学性

ペットの栄養必要量を示した栄養基準は、日本独自なものでなくアメリカからの借り物です。一方、ヒトと家畜の栄養基準は両者とも半世紀以上前から日本独自なものがあります。借り物でも科学的に信頼性が高いものであれば良いのですが、商売的に好都合なので日米のペットフード業界が採用している、AAFCOの栄養基準は、ヒトや家畜家禽に比べて科学的に半世紀遅れています。NRCのペットの栄養基準は、AAFCOに比べれば進歩していますが、それでもヒトや家畜家禽の栄養基準に比べて科学的に四半世紀遅れています。

これらの遅れている理由は下記の通りですが、詳細は後記します。

(1)　ペットフードの主目的の健康と掛け離れた蛋白質と脂肪の必要量の議論
(2)　栄養基準の改訂毎の大幅な変更による低い信頼性
(3)　栄養基準のライフステージ別区分の不備
(4)　代謝エネルギー算出法の間違いと混乱
(5)　原料の栄養成分表の不備
(6)　科学的な栄養基準の不備

10 ペットフード総合栄養食は不完全食（欠陥食）

1 総合栄養食はペットフードの驕り

業者団体のペットフード公正取引協議会によれば、「総合栄養食とは、それと水だけで健康を維持する」ということで、「完全食」を暗示しています。しかし、科学的に遅れているペットフード学において、完全食は無理難題です。ペット栄養学に比べて遥かに進んでいるヒトの栄養学においてさえ、それだけを食べる病人用「胃ろう食」において、現在の品質に辿り着くまでに栄養欠乏症など紆余屈折しました。ペットフードに比べて合目的に進んでいる畜産の配合飼料は、かつて完全配合飼料と謳っていましたが、誇大表示ということで、「完全」を削除して「配合飼料」と修正しました。ペットフード総合栄養食が本当に完全食であれば、総合栄養食を食べたペットの命が短いこと、メラミン障害、ビタミンD過剰による死亡、ビタミンE不足による猫黄色脂肪症、ストルバイト尿路結石症、亜鉛欠乏症などは無かったはずです。

この総合栄養食については、国の公正取引委員会のお墨付き（告示・承認）があることを拠り所にしていますが、同委員会は商取引に関してのプロであって、栄養学やペットフード学についてはアマチュアでしょう。「総合栄養食」を毎食・毎月・毎年食べ続けても健康というキャッチフレーズは、暗に「完全食」を謳っていて誇大表示です。公正取引委員会は、誇大表示の片棒を担いでいることに気付いていないようです。

2 ペットフード総合栄養食の認定基準

ペットフード公正取引協議会（業界団体）の総合栄養食の認定基準は、アメリカ穀物検査会社のAAFCOが定めた簡単な給与試験またはAAFCO栄養基準を定量分析試験でクリアすることですが、殆どの総合栄養食は動物を供試しないで済む容易な定量分析試験によります。ペットフード会社は自社において全栄養成分を定量分析できませんから社外の分析機関に依頼しますが、全栄養成分の定量分析費用は1点につき約40万円掛かるので、全銘柄の定量分析をしないで代表的な銘柄についてのみ行います。その定量分析値を持って類似銘柄も総合栄養食になります。しかし、定量分析結果の公的なチェックはありません。

11 商売優先の私的なAAFCO基準と科学優先の公的なNRC基準

❶ NRCとAAFCOのペット栄養基準

アメリカと日本のペットフード業界は、長年にわたって旧NRC基準（犬1974年、猫1978年）を採用してきました。しかし、そのNRC改訂版（犬1985年、猫1986年）は、新知見に基づいて、蛋白質必要量は少なめが健康に良いとしたので、ペットフード業界は商売的に不都合になり、旧NRCに準じて蛋白質を高く設定した新設のAAFCO基準（犬猫1997年）に乗り換えました。その後、NRCは2006年版、AAFCOは2018年版を作成しましたが、科学者組織のNRCと業界組織のAAFCOとの分離の切っ掛けになった蛋白質・アミノ酸基準については、調整されることなく大幅な差異が残ったままです（表12）。

業界の表向きの理由は、NRC改訂版の精製飼料を用いた試験は学術的で実用的でないとのことです。しかし、動物の栄養試験において実用飼料を用いれば、試験結果に及ぼす要因が複雑になるので、要因をシンプルにするために精製飼料を用いるのは科学的に正解です。本音は、蛋白質が高めの方が商売的に都合が良いからです。NRCは改訂版（2006年）の策定に当たって、AAFCOに対して両基準の調整統合を申し入れましたが不調に終わりました。両基準の最大の相違点は、成犬の蛋白質の最小必要量において、AAFCO基準は18％（水分０％乾物中）で健康重視の改訂版NRC基準８％の２倍以上であることです（表12)。この違いは異常で、ヒトや多くの動物の実践栄養学に半世紀以上携わった筆者にとって信じられない大差です。家畜家禽においても同じ動物で複数の栄養基準がありますが、同じライフステージの蛋白質基準は殆ど同じです。ヒトの蛋白質基準においても、日本基準・アメリカ基準・イギリス基準の差異の範囲は0.9〜1.1倍で大差ありません。AAFCO基準とNRC基準において成犬の蛋白質基準の差異が２倍以上もある原因は、ペットフード学のデータ不足による研究の遅れもありますが、商売的に都合の良いAAFCO栄養基準を採用しているペットフード業界の金銭主義が主因です。

表12　蛋白質基準におけるNRCとAAFCOの変遷（水分０％乾物中%）

	犬		猫	
	最小量	推奨量	最小量	推奨量
NRC, 1974		22.2		
NRC, 1978				28.0
NRC, 1985. 育成（子犬）	10.5 [a]			
NRC, 1986. 育成（子猫）			24.0	
NRC, 2006, 育成（前期 [b]）	18.0	22.5		
NRC, 2006, 育成（後期 [c]）	14.0	17.5		
NRC, 2006, 育成			18.0	22.5
NRC, 2006, 繁殖 [d]		20.0		
NRC, 2006, 繁殖（妊娠後期）			17.0	21.3
NRC, 2006, 繁殖（授乳盛期）			24.0	30.0
NRC, 2006, 成動物	8.0	10.0	16.0	20.0
AAFCO, 1997, 育成と繁殖	22.0		30.0	
AAFCO, 1997, 成動物	18.0		26.0	
AAFCO, 2018, 育成と繁殖	22.5		30.0	
AAFCO, 2018, 成動物	18.0		26.0	

a 総アミノ酸10.5%
b 4～14週齢の子犬
c 14週齢以降の子犬
d 妊娠後期および授乳盛期の母犬

2 ペットフードの主目的の健康と掛け離れた「蛋白質必要量」の議論

ペットのNRC蛋白質基準（特に成犬）は健康目的のヒト並みに少ないですが、蛋白質が少なければヒトの食事と差別化し難くペットフードの必要性が半減すると共に価格も高く設定できないので（売上高少ない）、ペットフード業界は蛋白質が高いAAFCO基準を採用しています（表12）。また、かつて猫はネズミを捕獲・捕食していた肉食動物であったことを根拠に、蛋白質必要量は多いとの仮説（阿部又信）もありましたが、当時の猫は近年のネズミを捕食しない猫に比べて短命でした。蛋白質は生命の誕生や成長や抗病において必須で重要な栄養素ですが、摂り過ぎれば肝臓や腎臓に負担が掛かるので、摂り過ぎないことが健康に大切です。猫に腎臓疾患が多い主因は、「市販キャットフードの蛋白質過剰」と「猫の血中AIM（腎臓を詰まらせる死んだ細胞の除去作用）が少ないため（宮崎徹）」でしょう。また、猫に好物な肉類の缶詰を与え過ぎれば、栄養バランスの悪化によって全肉症候群になります。ライオンで代表される肉食動物は、象やサイなどの草食動物に比べて短命ですが、その原因の一つとして蛋白質摂取量の多少が関係していると推断します。

3 脂肪の過剰

体重コントロールの基本は、飲食からの「摂取エネルギー」と基礎代謝・運動などによる「消費エネルギー」の出納です。成猫の脂肪基準は、AAFCO・NRC 共に乾物中９％以上になっています。脂肪の代謝エネルギーは、蛋白質や可溶無窒素物（可溶性炭水化物）よりも２倍以上多いので、この脂肪基準を順守するとダイエット用低エネルギーの総合栄養食が作り難いです。ペットの肥満症は飼い主による虐待と言われていますが、脂肪の過剰および AAFCO のエネルギー算出法の不適切（本澤清治・菅原邦生）によるペットフードの代謝エネルギー過剰が肥満に影響しています。

4 栄養基準の改訂毎の大幅な変更の疑似科学

栄養基準は研究の進歩による新知見に基づいて、何年か置きに改訂されます。家畜家禽では、「育種改良や飼育管理の改善による生産性向上」に対応して栄養基準を改訂するので、その改訂幅はヒト基準の改訂幅よりも大きいです。一方、ペットは、家畜家禽と違って「育種改良や飼育管理の改善による生産性の向上」は、殆どないので大幅な改訂は考え難いです。しかし、ペットの改訂幅は家畜家禽よりも大きいです。特に、蛋白質の基準は改訂毎に大きく変動しています(表12)。ということは、旧基準は大きく間違っていたことになります。この大幅な改訂は、新しい研究に基づくものですが、ペット栄養学が疑似科学で発展途上なことを示しています。

5 栄養基準のライフステージ別区分の不備

栄養必要量は代謝速度、すなわち成長速度などに比例します。したがって、栄養基準の区分は、育成期や繁殖期などのライフステージ別が最も大切です。しかし、ペット栄養基準、特にAAFCOの区分は、ヒトや家畜家禽に比べて非常に大雑把です。AAFCO育成期の子犬と子猫は各々1区分で、それぞれ繁殖期（妊娠・授乳）の母犬・母猫も兼ねてまったく非科学的です。NRCの子犬は、蛋白質（アミノ酸）を日齢で2区分に分け、母犬を分離独立しています。同じくNRCは子猫と母猫を当然ながら分離独立し、かつ母猫においては蛋白質（アミノ酸）を妊娠後期と授乳盛期に分けています（表12)。このNRCのライフステージは家畜家禽やヒトに比べればまだまだ大雑把ですが、AAFCOや旧NRCよりも一歩前進しているので評価したいと思います。蛋白質（アミノ酸）基準・ライフステージ・代謝エネルギー算出式以外については、両者に大きな差異が無くAAFCOはNRCを参考にしたことが分かります。

ちなみに、NRCの豚の基準の育成期は3区分（離乳豚・子豚・肉豚)、かつ繁殖豚は雌雄別、日本人の育成期は10区分×男女別の20区分です。

❻ 代謝エネルギー算出法の間違いと混乱

食べ物の代謝エネルギーは、動物を供試した代謝試験によって求めるのが本来ですが、簡便法として蛋白質・脂肪・可溶無窒素物（可溶性炭水化物）の含量に一定の係数を掛けて算出するアットウォーター法があります。したがって、その係数は重要で信頼できるものが望まれます。NRCが採用している一般的なアットウォーター定法の代謝エネルギー算出式は、【(蛋白質％×４)＋(脂肪％×９)＋(可溶無窒素物％×４)】に対し、AAFCOは各係数を0.5減じて【(蛋白質％×3.5)＋(脂肪％×8.5)＋(可溶無窒素物％×3.5)】で係数を変えています。係数を減じた理由は、ヒトの不可食部で消化率の低い原料をペットフードに使うことを考慮したと説明していますが、実験データに基づいたものではありません。一般的なアットウォーター定法で求めた計算値とAAFCOの変法で求めた計算値（代謝エネルギー）は、指数で10％以上の差異が生じます。さらに、ドライペットフードの加圧加熱（約120℃）加工した原料について、犬および猫を供試して求めたNRCの本来の代謝エネルギー（実測値）とAAFCOのアットウォーター変法で求めた計算値は、指数で20％前後（15〜30％）の差異があります。AAFCOの代謝エネルギー算出法（係数）の間違いは、実験データ不足による遅れと科学者でない組織（AAFCO）の推測による疑似科学の証しです（表９）。AAFCOのアットウォーター変法に基づく市販のペットフード給与量は、実質エネルギーが15〜30%過剰になっています。市販ペットフードは表示量通りに給与すると肥満になり易いと言われていますが、肥満の原因は運動不足もありますが、主因はAAFCOの間違った代謝エネルギー算出法による「給与量過剰⇒販売量増加」というペットフード業界の戦略の結果です。「ペットの肥満は虐待」で、イギリスにおいては肥満ペットの飼い主が有罪判決になった実例があります。ペットフード関係者は反省して欲しいです。

７ NRCの科学的信頼性は高い

NRCは、科学者による公的な組織で栄養基準の策定に当たって動物別の専門委員会において、最新研究報告を基に検討します。NRCはペット（犬猫）だけでなく家畜家禽や養殖魚などの栄養基準を策定していて、多くの栄養基準の実績があります。ペット栄養学は全体的に歴史が浅く遅れていますからNRCといえども全てが正しいとは限りませんが、いくつかのペット栄養基準の中で科学的信頼性は、世界的に最も高いでしょう。

一方、ペットフード業界が採用しているAAFCOは、トウモロコシなど穀物の品質検査機関として設立された、飼料検査技能者による穀物生産者寄りの株式会社です。AAFCO本来の業務は、穀物の水分・蛋白質・比重・目視などの品質検査です。その検査は、精度よりも迅速性・簡便性を優先しています。例えば、本来の水分検査は乾燥法で2時間以上掛かるので、かつてAAFCOは瞬時に結果がでる電気抵抗法を採用していましたが、その分析精度が低いので水分データは混乱し、穀物の売り手と買い手の品質的トラブルを度々引き起こしました。輸入トウモロコシのカビ発生クレームに関連して、AAFCOの水分測定値が日本の測定値と差があっても積地検査契約を盾に一方的に撥ねつけ科学的な信頼性は乏しいです。近年の水分測定法は、同時に複数成分の検査ができる簡便な近赤外線法になりましたが相変わらず分析結果の信頼性は低く、品質的トラブルを引き起こしています。これらのことからもAAFCOは、商売的で信頼性の低さが伺えます。科学者組織ではないので、独自に科学的な栄養基準を策定する能力はありません。したがって、AAFCO初版（1997年）の栄養基準は、ペットフード業界にとって都合が良かった半世紀前の古い前々版NRC（犬1974年・猫1978年）を引用していましたが、AAFCO改訂版（2016年・2018年）の栄養基準も、蛋白質・アミノ酸・代謝エネルギー以外についてはNRC最新版を参考にしています。NRC最新版の栄養基準は、「最小必要量（Minimal Requirement）」と環境の違いや個体差などの変動を考慮して上乗せした実践的な「推奨量（Recommended Allowance）」を示していますが、NRCの蛋白質の「推奨量」を無節操にもAAFCO改訂版の「最小必要量」として引用した部分があります。ペットフード業界にとって都合が良いように、科学よりも商売優先の手品的すり替えです。残念なことに、疑似科学のAAFCO基準を信じているペット栄養学者もいますが、NRC基準を評価するか、AAFCO基準を評価するかは、実践栄養学の知識レベルを反映しています。

12 ペット実践栄養学における二つの必須課題

1 ペットフード原料（一般原料・添加物）の栄養成分表の必須性

(1) 一般原料の栄養成分表

ペットフードの配合割合（メニュー）の設計に当たって、原料（エクストルーダーによる加圧加熱原料）の栄養成分表（蛋白質・脂肪・可溶無窒素物・代謝エネルギー・ミネラル・ビタミン・アミノ酸）の整備が必須です。しかしながら、ペットフード学は歴史的に浅く原料成分表の整備が半世紀以上遅れています。ペットフード業界が採用しているAAFCOの栄養基準には原料成分表が無く、NRCには未完成ながら掲載されていますが（表9）、畜水産飼料の原料成分表やヒトの食品成分表に比べれば、質的・量的にかなり劣っています。ドライペットフードは、エクストルーダーによる加圧加熱（約120℃）加工するので、ビタミンは劣化消失しますが代謝エネルギーは可溶無窒素物の消化率向上によって増加します。すなわち、代謝エネルギーとビタミン以外については畜水産飼料の原料成分表を参考にできますが、エクストルーダーで加圧加熱した一般原料の代謝エネルギーとビタミンの成分表がペットフード設計に必須です。

鰻は広義の肉食性動物（肉類が主食の動物）ですが、古い水産栄養学では澱粉を消化吸収できないとされていました。しかし、養鰻飼料（蛋白質50％前後）は、主原料がフィッシュミールで粘土様の練り餌の材料としてα-澱粉を約20％配合していますが、α-澱粉を十分消化吸収できます。同様に猫は、生澱粉の「β-澱粉」に対する消化能力はヒトや鰻に同じく低いのですが、エクストルーダーで加圧加熱加工したドライキャットフード中の「α-澱粉」を十分消化吸収できます。すなわち、過去のペット栄養学において、「猫の炭水化物の消化率は極めて低い」との説は、かつて肉食動物であった猫に生の穀物の「β-澱粉」を給与した古い実験データに基づいたものです。家畜飼料原料の消化試験は原則的に原物でOKですが、ペットフード原料においては、エクストルーダーによって120℃前後で加熱加工した原料を供試した消化試験による成分表でありたいです。

⑵ ビタミン添加物の劣化消失

ドライペットフード主原料の穀類は、その表皮やぬかや胚芽にビタミン・ミネラルを多く含み、ヒトの食品と違って精製することなく丸ごと使うので、ペットフードの原料由来のビタミン・ミネラルは食品に比べて多いです。しかし、栄養素の必要量は、代謝速度（発育速度など）に比例しますが、犬猫の発育速度はヒトに比べて速いので、ビタミン・ミネラルをヒトよりも多く必要とします。したがって、ペットフードは一般原料以外にビタミン添加物・ミネラル添加物を添加する必要があります。

ペットフードの添加物に関しては、NRCの栄養基準の付表にあります（表13）。ビタミン添加物の加圧加熱加工および貯蔵中の劣化消失について、ビタミンB群は比較的安定していますが、ビタミンC（遊離型）・脂溶性ビタミンA・D・E・Kや天然系色素（ルテイン・リコペン・カロテン）などの酸化防止作用のある栄養成分は不安定です。これらの酸化防止成分は、自らが活性酸素を受け止めて酸化することによって、共存する栄養成分や細胞に対する活性酸素の害を抑制します。

なお、ミネラル類の加圧加熱加工による劣化消失は、殆どありません。また、一般的な天然原料中のビタミンの劣化消失率は、添加物の劣化消失率よりも少ないと考えます。

表13　ビタミン添加物のエクストルーダー加圧加熱後の残存率と貯蔵中の消失率[a]

一般名（化学名）	製品形状	Ext 残存%[b]	貯蔵消失%/月
ビタミンA（レチノール酢酸）	交差架橋ビーズ	81（63～90）	6
（同上）	ビーズ	65（40～80）	30
ビタミンD（コレカルシフェロール）	噴霧乾燥ビーズ	85（75～90）	4
ビタミンE（トコフェロール酢酸）	吸着物	45（30～85）	1
（同上）	噴霧乾燥ビーズ	45（30～85）	1
（人乳中α-トコフェロール）	オイル	40（10～60）	10
ビタミンK（メナジオン亜硫酸ソーダ）	結晶粉末	45（20～65）	17
（メナジオン亜硫酸ニコチン）	結晶粉末	56（40～75）	11
（メナジオン亜硫酸ルチジン）	結晶粉末	50（30～70）	12
ビタミンB_1（硝酸チアミン）	結晶粉末	90（30～95）	4
（塩化チアミン）	結晶粉末	80（50～85）	4
ビタミンB_2（リボフラビン）	噴霧乾燥ビーズ	82（70～90）	3
ビタミンB_6（塩化ピリドキシン）	結晶粉末	75（70～90）	3
パントテン酸（D-パントテン酸カルシウム）	結晶粉末	85（75～95）	2
ナイアシン（ニコチン酸）	結晶粉末	80（64～90）	2
ビタミンH（ビオチン）	噴霧乾燥ビーズ	88（60～95）	2
ビタミンB_9（葉酸）	噴霧乾燥ビーズ	90（65～95）	1以下
ビタミンC（安定化アスコルビルポリ燐酸）	噴霧乾燥ビーズ	96（85～100）	1以下
（アスコルビン酸）	結晶粉末	40（0～60）	37
ルテイン（ルテイン）	噴霧乾燥ビーズ	72（50～80）	2
リコペン（リコペン）	噴霧乾燥ビーズ	64（40～75）	2
カロテン（β-カロテン）	ビーズ	34（20～50）	2

a NRC
b エクストルーダー加工後の平均値（最低～最高）

2 ペットの科学的な栄養基準の必須性

ペットフードの配合割合（メニュー）の設計に当たって、原料の栄養成分表と栄養基準は車の両輪ですが、ペットの栄養基準は日本独自なものでなくアメリカからの借り物です。ヒトと家畜家禽の栄養基準は、いずれも半世紀以上前から日本独自なものがあります。借り物でも科学的に信頼性の高いものであれば良いのですが、商売的に好都合なので日米のペットフード業界が採用している、AAFCO の栄養基準は、ヒトや家畜家禽の栄養基準に比べて内容的に足元にも及びません。NRC のペットの栄養基準は、AAFCO に比べれば科学的に進歩していますが、それでもヒトや家畜家禽の栄養基準に比べて科学的に四半世紀遅れています。

最近の研究では、卵アレルギーの幼児に卵を少量ずつ食べさせれば体質改善するので、食物アレルギーは治る例が報告されています。消化酵素系は馴致が比較的速いので、乳糖を含む乳製品を長期間食べなければ、腸内ラクターゼ（乳糖分解酵素）は不必要なので消滅し、牛乳を急に大量に飲めば下痢する例もありますが、少しずつ飲んで馴致すればラクターゼは復活します。澱粉の消化率が極めて低いと言われていた猫も、主原料の穀物は加圧加熱するので、主成分が澱粉のペットフードを数代にわたって食べ続けていれば、それに相応しい消化酵素系に進化し、α-澱粉を十分消化できます。同様に、健康視点による犬猫の蛋白質（アミノ酸）必要量および猫におけるタウリン必要量や化学式的には二つのビタミンＡが連結した形のカロテンのビタミンＡ無効果などについても、ペットフードを長年食べて実質的に雑食性に変化した犬猫を供試した試験による、古いペット栄養学の見直しによる科学的な栄養基準の策定が望まれます。

しかし、これらの必須課題のペットフード原料の栄養成分表および科学的な栄養基準の策定は、AAFCOや現在の我が国のペット栄養学のレベルにおいて、NRC以外には期待できません。

13 手作り食の要点

1 手作り食とペットフード

ペットフード会社は、「犬猫の栄養は独特なのでヒトの食事でなく、ペットフード（総合栄養食）を与えなさい」と言います。しかし、２章で示した通り、ペットフードを食べたペット達の命は手作り食を食べたペット達よりも３年余り短いのです。またペットフード会社は、「手作り食は栄養内容が毎食異なるが、総合栄養食は金太郎飴で栄養内容は均一」と自慢します。それは総合栄養食が完全食であれば長所ですが、現在の総合栄養食は間違いだらけの欠陥食ですから毎食同じ欠陥食を食べ続ければ食中毒や栄養失調になり易いです。

2 手作り食は飼い主の愛情発現の欲望を満たす

愛情を発現したいという自己実現の欲望は、最も崇高な欲望です。ペット達の手作り食を作るためには、食べ物と栄養について多少の知識が必要で毎回作る手間の確保に努力を必要としますが、それを乗り越えればペット達に愛情を発現できることの喜びと満足感が得られるでしょう。

3 手作り食の基本的な考え方

ペットの手作り食は、子供を健康に育てるための食事と基本的に同じです。子供は成人よりも発育などの代謝が速い分、栄養を多めに摂るのが望ましいですが、犬猫も成人よりも代謝がやや速いので子供並みの食事内容を摂れば良いでしょう。難しく考える必要はありません。ペットに食べさせて良いかどうかは、ヒトと同じ基準で判断します。例えば、生肉や生魚について子供に食べさせて衛生的に良いかの基準で判断します。犬猫はヒトよりも野生的ですから有害細菌類に対してヒトより強いので、子供にOKならばペットにもOKです。

4 偏食的に一つの品目を大量に与えない

一つの品目について、ペットにはヒトが通常食べる量を体重比例で給与します。例えば、体重50kgのヒトが1日に生卵1個食べるとすれば、体重5kgのペットには1日に生卵0.1個を給与します。ヒトが1回にブドウ1房を食べるとすれば、体重5kgのペットにはヒトが食べる時と同じく水洗いしてから0.1房を給与します。このように食べさせていれば、生卵やブドウだけでなく、玉ねぎもチョコレートもホウレン草もペットにとって健康に良いでしょう。偏食的に大量に食べさせなければ、犬猫だからといって特別な注意は必要ありません。ペットもヒトもいろいろな品目を食べれば、栄養バランスがとり易いです。

5 食べ物は丸ごと食べるのが栄養学的にベター

玄米が栄養学的に良いのは、ぬかには栄養素（蛋白質・脂肪・食物繊維・ビタミン・ミネラル）が豊富だからです。動物食品も丸ごと食べるのが良いのですが、豚や牛を丸ごと食べるわけにはいきません。その点、小魚（シラウオ・ジャコなど）は丸ごと食べられますからヒトにもペットにもベターです。小魚には蛋白質をはじめ、不足しがちなビタミンD・カルシウム・亜鉛などが豊富です。

6 国産の豚肉は危険!!

我が国の肉料理は、しゃぶしゃぶ鍋やすき焼きで代表されるように薄切り料理ですが、豚肉は牛肉に比べてブヨブヨしていて薄切りし難いので締りを良くするために特殊な脂肪酸（シクロプロペン脂肪酸）を豚に給与する例があります。この脂肪酸はネズミや鶏に給与すれば、生殖毒性が認められています（SHEEHAN, E. T. ら・杉橋孝夫ら）。この脂肪酸を母豚に給与すれば母豚に残留すると共に子豚に移行し（本澤清治ら）、肥育豚に給与すれば豚肉に移行残留します（梅本栄一ら）。この脂肪酸は海外では給与していませんが、国産豚肉には生殖毒性のある特殊な脂肪酸が残留しているものと残留していないものが混在しています。その有無を消費者には判別できませんので、国産豚肉はペットもヒトも食べないことが安心です。

7 野菜類はたっぷり

野菜類はヒトにとって、大腸ガンをはじめ胃腸障害などの抑制に良いことが認められています。消化器は、消化の良いものばかりを食べていると退化気味にひ弱になります。野菜類は、食物繊維と共にビタミン・ミネラルが豊富で、胃腸のジョギング（ぜん動）を促進します。残り野菜類は宝（健康）の山です。ブドウ・リンゴの皮は生のまま、白菜・大根・人参・芋の葉や皮などの残り野菜は粗めに刻んで具入り野菜スープにして食べさせましょう。但し、高齢ペットや高齢者、胃腸が弱っているペットやヒトは、野菜類を食べ過ぎると胃腸に負担が掛かりますから注意しましょう。

8 微量ミネラル亜鉛の補足給与

土には亜鉛などの微量ミネラル類が含まれていますが、土との接触が少ない室内飼育のペットは、亜鉛が不足しがちです。亜鉛の基準は推奨量と上限量の間（適応範囲）が他の微量栄養素に比べて狭く、欠乏症になり易い一方、過剰症になり易い微量ミネラルです。例えば、日本の成人女性の１日摂取基準は、推奨量９mgに対して上限量はその僅か「４倍」の35mgで適応範囲が非常に狭いです。すなわち、亜鉛は過剰の害が最も出易い微量栄養素ですから、亜鉛欠乏症の治療として与える場合は別として、予防的に日常与える場合は過剰にならないようにNRC推奨量の３分の１～４分の１を目安に亜鉛サプリメント（栄養補助食品）で補足給与するのが安全でしょう。ヒトのサプリメントとして亜鉛が市販されていますので、それを砕いて与えると良いでしょう。例えば、ヒトの亜鉛サプリメント（亜鉛８～10mg/粒）を顆粒状に砕いて、犬に与える場合は３日に１粒、猫には５日に１粒を分けて手作り食に混ぜて与えます。

市販のドライフードには亜鉛などの微量ミネラル類が通常添加されていますので（表８）、亜鉛不足の心配は少ないでしょう。その点は市販ペットフードの数少ない長所です。

9 ビタミンEの補足給与

ビタミンＥは酸化防止作用がありますから、酸化油脂の害を抑制しますが、その必要量は給与油脂の量と質（不飽和度や酸化度）に比例します。ヒトのビタミンサプリメントを使ってビタミンＥを与えると良いでしょう。その給与量の目安は、犬猫共にビタミンＥを５～10mg/頭/日です。糖衣錠は砕き難いので、例えば、糖衣錠でない小林製薬のマルチビタミン（ビタミンE：12mg/粒）を1日に半粒与えれば良いでしょう。

⑩ 手作り食と市販ペットフードの組み合わせ

手作り食は、総合的に市販ペットフードよりも勝りますが、亜鉛が不足気味になり易い点や後記の犬連れドライブでは適さないなどの短所もあります。一方、市販ペットフードの長所は簡便性に優れていること、亜鉛などの微量栄養成分が強化されていることですが、最大の欠点は有毒なエトキシキンの混入と蛋白質、脂肪、代謝エネルギーの過剰です。両者を組み合わせる場合、手作り食を主食として市販ペットフードを少量補足すると良いでしょう。

14 フードファディズムによる間違い

1 フードファディズムとは

多くの実践栄養学者は、フードファディズム（食べ物の流行的な過大評価・風評）を戒めています。フードファディズムはヒトでもありますが、ペットほど極端でありません。例えば、食品で過大に悪い評価は即席麺、過大に良い評価は有精卵ですが、それが絶対的と信じているヒトは稀でしょう。すべての食品は偏食的に過剰に食べれば有害で、適量食べてこそ有効です。かつて、ビタミン B_1 無添加の即席麺を常食した一人暮らしの学生が脚気になりましたが、栄養無知によるもので即席麺は食べ方次第で補助食や災害食として重宝な食品です。学生の脚気発症を機にビタミン B_1 を即席麺に添加する例が多くなりました。昔々、鰻の蒲焼と梅干の食べ合わせは有害と信じられていましたが、それは食べ過ぎを戒めたものです。

ペットにおいて過大に悪い評価は玉ねぎを筆頭に、チョコレート、生卵、白米、レバー等々数え切れないほどあり、これでは手作り食が困難です。これらの全ては、ヒトにおいても「食べ過ぎれば有害」ですが、避けたい食材として啓蒙していません。ペットにおいて、白米だけを偏食させればヒト同様に有害です。犬猫に肉だけを与えれば栄養失調の一種の全肉症候群になりますが、白米も肉類も他の食べ物と一緒にバランス良く食べさせれば健康に有効です。ペットにおける風評的禁忌食材の作出・普及は、市販ペットフードの販売促進戦略かもしれませんが、ペットフード学が遅れている証しでしょう。

2 ヒトが食べている食品はペットも食べられる

ペットフードを売らんがために、ペットに食べさせてはダメと言われている食べ物が多いのですが、ペットの体重がヒトの10分の1とすれば、体重に比例してヒトの食べる量の10分の1であれば問題ありません。ヒトもペットも食べ過ぎて無害な食べ物はありませんから、体重5kgのペットが絶対量でヒトと同じ量を食べれば、体重当たり10倍以上を食べることになりますから、ペットにとっては大過剰で有害なのは当然です。

3 玉ねぎは有害？

玉ねぎを沢山食べさせれば貧血を起こします。そのことを鬼の首でも取ったように得意になって、報告するのは如何なものでしょうか。

体重5kgの犬に玉ねぎを25〜50g（体重kg当たり5〜10g）の過剰量を連日食べさせれば溶血性貧血になります(大島誠之助ら)。同様に体重50kgのヒトが玉ねぎを250〜500g（通常量の10〜20倍）も連日食べれば有害でしょう。玉ねぎはヒトも犬も適量ならば周知の通り健康に有効です(押川亮一)。遺伝的・体質的にアルコールに弱いヒトがいますが、アルコールはダメと大騒ぎしません。同様に犬にも玉ねぎの食べ過ぎによる溶血性貧血になり易い品種・系統がいますが、NRCおよびAAFCOは、禁忌食として注意を喚起していません。とはいっても、すき焼き鍋の煮汁は、ねぎ類のエキスが濃縮されていますから、その残り煮汁の犬猫や幼児への与え過ぎに注意しましょう。

ねぎ類は、ポリフェノールの一種で酸化防止効果があって健康に有用な「ケルセチン」を含みます。また、ウィキペディアによれば、玉ねぎやニンニクに含まれる「二硫化アリル」はヒトの糖尿病や高血圧や大腸がんなどに有効ですが、過剰摂取は犬猫に限らず多くの動物に有害で、ネズミの経皮による障害感受性は猫よりも高いです。なお、二硫化アリル類は含硫アミノ酸同様に尿のpHを酸性寄りに働きますから、ストルバイト尿道結石症の予防に効果的でしょう。

4 チョコレートは有害？

酸化防止成分や食物繊維を含むチョコレートも、超小型犬のチワワが1枚食べれば有害でしょう。同様に幼児が一度に数枚続けて食べれば有害と思いますが、適量なら健康に有効でしょう。

「犬において、通常のチョコレートでは体重kg当たり50g、苦みが強いビター系のチョコレートでは30g程度食べれば有害」と警告されています（大島誠之助）。すなわち、体重5kgの犬の場合150〜250g（1枚50gのチョコレートで3〜5枚）、体重50kgのヒトの場合1,500〜2,500g（同じく30〜50枚）食べれば障害が発症ということです。ヒトは一度にこれだけの量を食べることはありませんが、もし食べれば有害なことは当然です。これを根拠にチョコレートはヒトが食べてはダメと警告しません。ただし、犬は数枚食べてしまうことがありますから、盗み食いされないようにチョコレートの保管には注意が必要です。

5 生卵・生イカは有害？

生の卵白やイカはビタミン類のB_1・ビオチンの活性を阻害する各々チアミナーゼ・アビジンを含むので、ペットに給与しないように警告していますが（日本科学飼料協会・環境省）、それらは食べる量の問題です。大量に食べれば、ペットもヒトもビタミンB_1欠乏症あるいはビオチン欠乏症になる可能性があります。しかし、卵について考察すれば、生卵を体重50kgのヒトが毎日1個（60g）、5kgの犬でしたら毎日0.1個（6g）程度食べれば健康に有効でしょう。

多くの食べ物（単品）の中で、ペットやヒトにとって卵は優れた蛋白質源です。卵はコレステロールが多いからと言って敬遠するヒトもいますが、それは古い考えです。血中コレステロールの殆どは体内で作られたもので、食べ物に直接由来するものはごく僅かです。したがって、コレステロールを気にして卵を敬遠するのは間違いです。なお、卵黄の色は、鶏に色素を食べさせて自由にコントロールできますから、卵の栄養価と殆ど関係ありません。卵黄の色は好みの問題で、栄養価はフードファディズムです。

6 ブドウは有害？

犬のブドウによる腎不全について、埼玉県獣医師会はアメリカの報告として、犬において体重kg当たりブドウ32g（5kgの犬であれば160g）以上食べれば有害と警告しています。この量は体重50kgのヒトに換算すれば1,600gになりますが、このように大量のブドウを一度に食べることはないでしょう。仮に食べたとすれば有害かもしれませんが、ヒトではブドウを「食べないように」とは警告していません。

ブドウ－レーズン症候群の年間の発症報告は、アメリカで10頭前後、イギリスで数頭と少なく、国産ブドウを食べた日本の症例は極めて稀です。農薬付着説が有力ですが、ブドウを食べても中毒症状にならない犬も多く、猫の発症例はありません。ヒトでは皮も使う赤ワインが心臓に良いなど言われる中、なぜ一部の犬に特異的に有害なのか、疑似科学の域を脱していません。これらの発症例数は極めて少なく、その障害はレアケースです。

欧米の犬における事故の原因は、農薬が表皮に付着したものを水洗いしないまま、しかも大量に食べたと推測します。このような食べ方をすれば、ヒトでも腎不全になるでしょう。

7 牛乳は犬にダメ？

子牛や乳児は、牛乳だけで半年以上すくすく育ちます。牛乳は単品の中で栄養学的に完全食に最も近く、かつ手軽に入手し易い食品です。牛乳を否定するのは栄養学を幅広く知らないことを自ら宣言しているようなものですが、「牛乳は犬にダメ」と、まことしやかに言われています。その理由の一つとして、「牛乳は犬乳に比べて薄い（水分が多い）」ことを挙げていますが成分が薄い分、多く飲ませれば解決することです。また、「乳糖（ラクトース）の存在」を挙げています。乳糖は犬乳にも存在しますが、離乳してから長期間経ってラクターゼ（乳糖分解酵素）の活性が弱くなっている犬に牛乳を飲ませれば下痢するとして、乳糖を含まない犬用代用乳が市販されています。ヒトも同じく牛乳を長期間飲まなければ腸内のラクターゼは不要ですから消滅するので、牛乳を急に沢山飲めば下痢し易いでしょう。しかし、下痢だけの問題であれば、ヒトも犬も少しずつ飲んで馴致すれば腸内のラクターゼは復活するので下痢しません。

出産間もない母犬に授乳拒否された子犬５頭に牛乳を飲ませて、全頭の命を助けた経験があります。牛乳はペット・ヒト・家畜において食物アレルギーでない限り、栄養バランス的に最高の飲食物です。あえて牛乳の栄養的な弱点を挙げれば、ミネラルの鉄分が少ないことですが、牛乳だけでなく哺乳動物の乳汁に共通して鉄分は少ないです。

8 生食（未加熱）と加熱食はどちらが良い？

生食（生魚・生肉）の良し悪しのポイントは衛生状態です。衛生的で魚の刺身や寿司のようにヒトが生で食べられるものであれば犬猫にもOKですが、衛生状態が悪いものは加熱調理して与えましょう。穀類は別として生食の長所は天然素材の美味しさですが、生食の短所はヒトにおける食中毒発生率が加熱食に比べて10倍と言われています。生食は一般に美味しい反面、食中毒のリスクが高いことはやむを得ないでしょう。家畜家禽の生肉は、鮮度が良くても人畜共通の病原菌などの汚染度が高いですが、馬肉は汚染度が低く比較的安全です。

一方、加熱食の長所は殺菌殺虫効果と味付けが容易になることや炭水化物（澱粉質・繊維質）の消化性向上と生卵のビタミンB_1分解酵素の失活などですが、短所は蛋白質の熱変性による消化率の低下傾向やビタミン類の劣化消失がやや大きいなどです。生食と加熱食はそれぞれ長所と短所がありますから、単純にイエス・ノーでなくケースバイケースです。ヒトの食品調理の場合と同じ判断で使い分けることです。

加熱加工において、加熱温度（品温）と加熱時間は特に炭水化物の消化性に影響しますが、その影響度は100℃を境にして大きく異なります。炭水化物の澱粉は、単糖のブドウ糖（グルコース）が重合して鎖状に繋がったものが、丸く巻いた毛毬のようになっています。その巻き具合（締り度）は、生の状態（β-澱粉）ではしっかり締っていて消化酵素が働き難いのですが、水分と共に100℃以上で加熱すれば締り度は緩みα-澱粉になるので、消化酵素が働き易くなって消化率は向上します。畜産飼料のペレット加工の品温と加熱時間は、70～80℃で10秒前後ですから締り度は殆ど緩まないので炭水化物の消化率は向上しません。

一方、ドライペットフードや養殖魚飼料のエクストルーダー（押出し成形機）加工の品温と加熱時間は、120℃前後（100～200℃）で数十秒ですから締り度は緩むので（澱粉のα化）、特に猫や幼動物や養殖魚において炭水化物の消化率が向上します。なお、加熱加工による色の変化（メイラード反応）において、品質が劣化しない上限目安は「きつね色」でしょう。「黒褐色」に焦げた状態は、直火などの場合のオーバーヒートによって蛋白質（特に含硫アミノ酸）・炭水化物・ビタミンなどが熱変性⇒熱分解⇒炭化して栄養価の低下を示しています。ペットフード製造に使うエクストルーダーの熱は直火でなく「加圧蒸気＋摩擦」によるものですから、オーバーヒートによって「黒褐色」になることはありません。エクストルーダー加工は、円筒内のスクリューによって高圧を掛けて小さな穴（ダイ）を通して押し出します。外部へ出た途端に常圧になりますからポップコーン的に膨化すると共にしっかり成形するので、消化に要する時間は長くなりますが消化率は向上します。ペットフードの犬猫の代謝エネルギーは、牛・鶏よりも高いですが加圧加熱加工の有無に起因しています（表９・表14)。

注目したい点は主成分が澱粉質原料の穀類において、犬と猫の代謝エネルギーに差が殆どありません。猫は肉食性の誤解もあって、澱粉質の消化力は低いと思い込まれていましたが、近年のペット化した猫と犬の澱粉質の消化力は同じということを意味しています。一方、動物性蛋白質類においては、肉食性と誤解されている猫の代謝エネルギーが犬よりも僅かですが低いことに注目したいです。猫が現在でも肉食性であれば、それに馴致した消化酵素系になっているので動物性蛋白質類における猫の消化力は雑食性の犬よりも高いはずです。すなわち、犬同様に近年の猫は、栄養化学的に雑食性の証しです。

表14 植物性原料の代謝エネルギー[a]（原物中 kcal/g）

	NRC 基準付表		日本標準飼料成分表	
	犬	猫	牛	鶏
トウモロコシ（Ext[b]）	3.72	3.71		
トウモロコシ（生）			3.10	3.28
玄米（Ext[b]）	3.59	3.57		
玄米（生）			3.13	3.28
脱皮大豆ミール（Ext[b]）	3.66	3.66	3.22	
脱皮大豆ミール[c]			3.00	2.55

a 代謝エネルギー≒(摂取エネルギー)－(糞尿エネルギー)
b エクストルーダーによる加圧加熱加工（約120℃）
c 100℃未満で熱風乾燥

⑨ 動物性蛋白質と植物性蛋白質の栄養価はどちらが良い？

全ての有機物は植物が作り、それを動物は取捨選択して利用します。結論を先に言えば、ペットフードにおいて動物性蛋白質と植物性蛋白質の栄養価は同じです。

かつて、動物性蛋白質のフィッシュミールは良質な蛋白質原料と言われていて、古い家畜栄養学を学んだ技術者は「フィッシュミールが入っていなければ、飼料にあらず」と信じていました。しかし、植物性蛋白質の大豆ミールはアミノ酸の栄養理論に基づいて、不足する必須アミノ酸のメチオニンを補強添加すればフィッシュミール以上の良質な蛋白質になります（鈴木松衛ら）。蛋白質の栄養価は、主として蛋白質中のアミノ酸のバランスによって決まります。蛋白質の栄養価は、単品で低くても複数の食べ物を組み合わせて食べれば高くなります。その代表的な組み合わせ例は「パン＋チーズ」ですが（芦田淳）、「トウモロコシ＋大豆ミール」や「グルテンミール＋大豆ミール」も相乗効果によって蛋白質の栄養価は向上します。したがって、ペットフードのように複数の原料を組み合わせれば、動物性蛋白質は栄養価が高く植物性蛋白質は栄養価が低いということはありません。両者の蛋白質の栄養価は、同じです。

⑩ 動物達の栄養生理的な感性は素晴らしい

犬猫が草を食べるのは胸やけしているからと言われていますが、胸やけ以外にも野菜類や食物繊維の不足を本能的に感じ取って食べることもあるでしょう。ヒトは水分不足を自覚できずに熱中症になることがありますが、犬猫も家畜家禽も動物達は水分不足を自覚できますから、飲水を用意しておけば自ら水分を補給します。豚に対して、穀類や糟糠類や植物油粕など飼料原料の単品を自由に食べさせれば、好きなものだけを偏食することなく、穀類を主体にいろいろなものを栄養バランス良く食べました（遠山二郎ら）。セキセイインコにおいて、カキ殻や雑魚を餌箱に入れておけば、普段は食べずに産卵と同時に飲水量が増えると共に食べ始めますが、卵の主成分の水や蛋白質やカルシウムの必要性を感じ取るのでしょう。ヒトはいわゆる腹時計でエネルギー不足を感じ取る程度ですが、動物達の栄養生理的な感性はヒトが及ばない素晴らしいものがあります。

⑪ 結　論

偏食せず、いろいろな食品を食べる手法は実践栄養学の基本です。子供やペットに偏食させず適量食べさせるのは親や飼い主の愛情と責任です。偏食的に過剰に食べれば、殆どの食べ物は有害です。通常量食べれば健康に有効な食品でも、その10倍以上の大過剰を実験的に食べれば当然有害です。それらのデータを根拠に禁忌食品にすれば、全ての食べ物は食用不適になります。それでは食の基本の「少量・多品目の摂取」による栄養バランスが保てませんから、医食同源を実践できません。異常な偏食や食べ過ぎが問題で、フードファディズムに惑わされることなく科学的に冷静に対処したいです。

15 尿路結石における間違い

❶ 猫ストルバイト尿路結石のマグネシウム原因説の間違い

初期のキャットフードの主流はウエットタイプ（缶詰）でしたが、ドライタイプへ移行普及に伴って、1980〜2005年頃に掛けてドライキャットフードを食べた猫にストルバイト尿路結石が頻発しました。当初は原因不明とされていましたが、「酸化マグネシウム」を大過剰に与えて尿路結石になったとの実験報告を信じ、ペットフード各社は「マグネシウム原因説」を鵜呑みにしてドライキャットフードの低マグネシウム化を競いました。ヒトをはじめ動物において、常識的にマグネシウムの欠乏症はあっても過剰症は考え難いのですが、その疑問についてペットフードに携わる人達は気付かなかったのです。そのことを不審に思わなかったのは、ストルバイトの化学成分がリン酸マグネシウムアンモニウムであることから、構成成分のマグネシウム原因説を短絡的に信じてしまいました。この誤解は、ペット業界全体が栄養学の知識に欠落していたからでしょう。

1987年にラルストン・ピュリナ社（飼料・ペットフード

会社）の LAWLER, D. F. は、マグネシウム原因説の震源になった実験報告の間違いについて、次のように指摘しています。

(1) 実験はペットフードに使わない原料の「酸化マグネシウム（MgO）」を供試し、マグネシウムとして「通常含有量の2.0～2.5倍」という大過剰を添加したので現実的でない。
(2) 供試した「MgO」は体内の水分と化合してアルカリ性になり、尿の pH（酸アルカリ度）をアルカリ寄りにするので、尿中のストルバイトが結晶化して尿路結石になるのは当然。
(3) 実験的に弱酸性の「塩化マグネシウム（$MgCl_2$）」を供試し、マグネシウムを大過剰に添加しても尿中のストルバイトは結晶化しないので尿路結石にならない。

すなわち、マグネシウム原因説の大きな実験ミスは、マグネシウム源として天然原料に含まれる「マグネシウム」でなく、ペットフードには使わない化学合成物の酸化マグネシウムを供試して大過剰添加したことです。栄養化学に疎い研究者のミスです。
「酸化マグネシウム」はアルカリ性ですからストルバイト尿路結石を促進するのは当然で「マグネシウム」原因説は、正確に言えば「酸化マグネシウム」原因説です。天然原料に存在する「天然Mg」と「合成MgO」の化学的な違いを知らないペットフード関係者が多いようです。ペットフード会社はマグネシウム原因説を不審に思わなかっただけでなく、マグネシウム原因説が否定されてから35年以上経っても風評として残っていて、未だにマグネシウムに拘ったキャットフードを見掛けます。これらはペットフード学と業界の科学的な遅れの証しです。当時のドライキャットフードによる猫ストルバイト尿路結石の真の原因は、硫黄を含むアミノ酸の不足と推断しています。

なお、化学合成のMgOは人体薬の便通剤として使われています。

2 マグネシウムの栄養基準とペットフード分析値

マグネシウムは、ヒトも含め全ての動物において必須栄養素です。ペットと成人女性のマグネシウムの栄養基準は表15の通りです。我が国の古いペットフード学では猫ストルバイト尿路結石の対策として、「マグネシウムの少ないキャットフードを如何に作るか」が重要な研究テーマでしたが、その分析値は必ずしも少なくありません。

表15　マグネシウムの基準と市販ドライフード分析値例（水分0％乾物中）

		最小量	推奨量	上限量
成犬 NRC		0.018％	0.06％	
AAFCO		0.04％		0.30％
成猫 NRC		0.02％	0.04％	
AAFCO		0.04％		
日本成人女性（1日当たり）[a] （食事乾物400 g/日として換算）		0.24 g[b] （0.06％）	0.28 g （0.07％）	0.60 g （0.15％）
市販ドライフード分析値[c]	犬	0.145％（8点平均）		
	猫	0.141％（7点平均）		

a 厚労省
b 推定平均必要量
c 中田裕二ら

❸ 猫尿路結石の二大要因物質

猫尿路結石の二大要因物質は、リン酸マグネシウムアンモニウム（ストルバイト＝$NH_4MgPO_4 \cdot 6H_2O$）とシュウ酸カルシウム（CaC_2O_4）です。それらの結晶化において尿の pH が大きく影響します。すなわち、尿の pH がほぼ7以上になってアルカリ性になればストルバイト結石、pH がほぼ6以下になって酸性が強まればシュウ酸カルシウム結石が析出し易くなります。したがって、ストルバイト結石に対応した療法食を食べればストルバイト結石は溶けて快方に向かいますが、長期に食べ続ければ尿の pH は下がり過ぎて酸性が強くなるのでシュウ酸カルシウム結石になり、その療法食を食べればシュウ酸カルシウム結石は溶けて快方に向かいますが、長期に食べ続ければ尿の pH は上がり過ぎてアルカリ性になるのでストルバイト結石になるという、昔の柱時計の振り子状態になる例があります。

4 肉牛ストルバイト尿路結石の二大要因

一つは、蛋白質の過剰給与です。摂取した蛋白質中の窒素の殆どは最終的に尿中に尿素（中性）として、一部はアンモニア（アルカリ性）として排泄されますが、蛋白質を過剰に食べれば尿中のアンモニア含量が増加するので、「尿のアルカリ性化」⇒「ストルバイト尿路結石」になります。猫においても、含硫アミノ酸が少ない蛋白質の過剰給与はストルバイト尿路結石になるでしょう。

もう一つは、カルシウム/リン比のアンバランスです。「酸性のリン量に対するアルカリ性のカルシウム量過剰」⇒「尿のアルカリ性化」⇒「ストルバイト尿路結石」になります。カルシウムとマグネシウムは、共に元素周期表の第２族で化学的性質が似ています。酸化カルシウム（CaO）と酸化マグネシウム（MgO）は水（H_2O）と化合して、それぞれアルカリ性の $Ca(OH)_2$ と $Mg(OH)_2$ になります。したがって、肉牛も猫も実験的に酸化カルシウムまたは酸化マグネシウムを過剰に給与すれば、いずれも尿の pH はアルカリ性になってストルバイト尿路結石になると推断します。しかし、その実験結果を根拠にカルシウムあるいはマグネシウムが、ストルバイト尿路結石の原因とは言えません。

5 結晶化の三大要因

溶液中の物質の結晶化（析出）に影響する一般的な要因として、次の三つが考えられます。

(1)　溶液の pH
(2)　溶液の濃度
(3)　溶液の温度

これらの要因の影響度合いは溶液や溶解している物質によって異なりますが、尿（溶液）中のストルバイト析出には、尿の pH が濃度よりも強く影響すると推断します。ストルバイト尿路結石対策の低マグネシウム化の誤解は、酸化マグネシウムを供試した実験ミスおよびストルバイト構成成分のマグネシウムを少なくすれば尿中ストルバイトの「濃度低下⇒結石低下」すると、短絡的に思い込んだ結果です。尿の温度は動物の体温にほぼ一致しますから、大きな変動はありませんので影響度合いも大きくないと考えますが、尿道先端の結石は尿排泄時の外気温度も影響するでしょう。

6 猫ストルバイト尿路結石原因の蛋白質中の含硫アミノ酸不足仮説

(1) 含硫アミノ酸の硫黄の尿pH調整作用

蛋白質を構成するアミノ酸の中で、メチオニンとシスチンの含硫アミノ酸の硫黄（S）は、代謝されて最終的に酸性の硫酸（H_2SO_4）になって尿に排泄されますから、尿のpH調整に重要な働きをしています。以前のドライペットフードの主要な蛋白質原料の「肉粉・肉骨粉（表９）」は、表16の通り硫黄を含むアミノ酸（メチオニン・シスチン）が極めて少ない（正確には「蛋白質中」の含硫アミノ酸が極めて少ない）です。したがって肉粉・肉骨粉を多く使い、かつメチオニン添加物を殆ど使わない2000年代初頭以前のドライキャットフードにおけるストルバイト尿路結石の発症機序は、「高蛋白質（副因）＋含硫アミノ酸不足（主因）」⇒尿pHのアルカリ性化⇒尿中ストルバイト析出⇒尿路結石になると推断します。

なお、肉粉と肉骨粉の品質は、殆ど同じです。違う点は両者の素材中の骨の比率が肉粉の方がやや少なく米国ジョージア大学飼料成分表によれば、肉粉は蛋白質がやや高く55%以上、肉骨粉は蛋白質50%以下で骨の主成分のカルシウムとリンがやや多くなります。

表16　原料の水分・蛋白質・含硫アミノ酸（SAA）[a] %

	水分[b]	蛋白質[b]	SAA[b]	蛋白質中SAA
コーングルテンミール[c]	10.0	60.0	3.00	5.00
トウモロコシ[c]	13.0	7.9	0.36	4.56
鰹節[d]	15.2	77.1	3.33	4.32
フィッシュミール（高質）[e]	7.9	67.4	2.56	3.80
飼料用小麦粉（末粉）[e]	13.3	15.5	0.56	3.61
チキンミール[e]	5.6	56.5	1.67	2.96
大豆ミール[e]	11.7	46.1	1.22	2.65
肉粉[e]	6.9	71.2	1.63	2.29
肉骨粉[c]	8.0	45.0	0.79	1.76

a メチオニン＋シスチン
b 原物中（as fed basis）
c 米国ジョージア大学飼料成分表
d 日本食品標準成分表
e 日本標準飼料成分表

⑵ 含硫アミノ酸不足仮説の裏付け

従来のペットフードにおいて主要な蛋白質原料として使われていた「肉粉・肉骨粉」は、我が国における2000年代初期の狂牛病（BSE）騒ぎによるイメージダウンおよび国の規制を切っ掛けに、蛋白質中の含硫アミノ酸比率が極めて少ない肉粉・肉骨粉（表16）に比べれば少し多いチキンミールや大豆ミールなどに代替しました。このことに加えて、含硫アミノ酸のメチオニン添加普及と含硫アミノ酸が極めて多いコーングルテンミール（表16）使用の漸増に伴って、猫ストルバイト尿路結石が漸減しました（表17）。また、鰹節の給与が尿中ストルバイト結晶を減少したと報告されましたが(井上達志)、鰹節はコーングルテンミール同様に含硫アミノ酸が多いことが（表16）関与したと考察します。これらの事実は、2001年に筆者が発表した「含硫アミノ酸不足仮説」の事実性を裏付けています。さらに、長毛種のペルシャ猫にストルバイト尿路結石が多いと言われていますが、毛の主成分のケラチン蛋白質は含硫アミノ酸が特異的に多いので、そのぶん尿への硫黄（硫酸）排泄が少なくなり、尿pHがアルカリ性になり易いと考えられます。これは羽毛の多いブロイラーの含硫アミノ酸必要量が、毛の少ない豚よりも多いことに相通じます。

⑶ メチオニン飼料添加物の栄養素としての利用

メチオニン飼料添加物は、アミノ酸バランスを整えるための栄養素として通常0.05～0.2％程度を補足添加します。メチオニン飼料添加物をストルバイト尿路結石の治療目的に使う場合、栄養必要量の約10倍以上の５％前後をドライフードに添加するので、過剰の害が懸念されます。メチオニン飼料添加物は、治療薬でなく予防的に栄養素として使うのが栄養学的に正しいです。なお、飼料添加物のMHA（メチオニンヒドロオキシアナログ＝$C_5H_9O_3S$）は、体内でメチオニン（$C_5H_{11}NO_2S$）に転換しますが、過剰に与えた場合の毒性はメチオニンよりも少ないと言われています（奥村純一）。ストルバイト尿路結石の治療には、メチオニンよりも適していると思われます。

表17 猫ストルバイト尿路結石の発症状況と使用原料の推移

	2000年代初期以前	2000年代初期以降
ストルバイト尿路結石の発症状況	頻発	漸減
ドライキャットフードの主な蛋白質原料	肉粉 肉骨粉	チキンミール・大豆ミール・コーングルテンミール（漸増）
上記原料の蛋白質中の含硫アミノ酸[a]比率％（表16）	肉粉2.29 肉骨粉1.76	チキンミール2.96 大豆ミール2.65 コーングルテンミール5.00
メチオニン添加状況	無添加または僅少添加	漸次添加普及

a メチオニン＋シスチン

⑷ 猫ストルバイト尿路結石におけるコーングルテンミールの効果

蛋白質原料のコーングルテンミールは、澱粉工業においてトウモロコシ中の澱粉とグルテン蛋白質を分離する工程で酸性溶液に浸漬するので、マグネシウムが一般的原料に比べて５分の１～10分の１と極めて少ないです。ペットフード会社がマグネシウム原因説を鵜呑みにして、低マグネシウム化の手段として使ったコーングルテンミールは、前記の通り含硫アミノ酸が特異的に多いので、尿の酸性化に効果があったと判断します。なお、この酸性化は低マグネシウム化とは無関係です。

⑸ ストルバイト尿路結石に及ぼす蛋白質レベルと尿pHの影響

キャットフードの高蛋白質化で猫ストルバイト尿路結石を予防するとの学会発表（阿部又信・鈴木達也ら）がありますが、その試験方法にミスがありました。蛋白質レベルの設定ミス（試験は蛋白質30％以上で行われ対照区的な20％以下の低蛋白質区が無い）と供試ペットフードのアミノ酸含量（蛋白質試験における必須項目）の調査欠落ミスです。蛋白質の窒素は主に尿素（中性）として、一部はアンモニア（アルカリ性）として尿中に排泄するので、尿pHの上昇抑制のためには蛋白質すなわち窒素は低くしたいです。これと正反対の試験で示唆したとする「猫ストルバイト尿路結石原因の蛋白質不足仮説」は立証できずに結論が出ぬまま試験途中で中止したようです。猫ストルバイト尿路結石において、蛋白質の過剰は一因になりますが、主因は蛋白質中の含硫アミノ酸不足と推断します。肉牛関係者は気付いていないようですが、濃厚飼料多給による牛ストルバイト尿路結石（『畜産用語辞典』・『飼料ハンドブック』）も蛋白質中の含硫アミノ酸不足が一因と推測します。

尿のpHが猫ストルバイト尿路結石に影響することは定説ですので、キャットフードの「塩基過剰度」を指標にする検査法もありますが、塩基過剰度と尿中ストルバイト析出との相関関係は統計学的に有意とはいえ相関係数は0.7台と低く(波多野義一ら)、その信頼性は低いです。半世紀以上前にヒトの食べ物でアルカリ性食品・酸性食品の理論がもてはやされましたが、現在この理論は殆ど消滅しています。その一因は、食品の的確な酸性・アルカリ性の指標を示し得なかったことです。

なお、ストルバイト尿路結石は犬でも発症しますが、ウレアーゼ産生菌の尿路感染症による尿のアルカリ性化を伴うことが多いです。その場合は、獣医師による抗菌剤投与の治療が必要でしょう。また、犬のストルバイト尿路結石が猫より少ない一因として、ドッグフードはキャットフードに比べて蛋白質が低いので、含硫アミノ酸が少ない肉粉・肉骨粉の配合率が低かったからと考えられます。

⑹ 尿路結石における蛋白質中の含硫アミノ酸の適正比率

2000年前後の肉粉・肉骨粉を多量配合した蛋白質レベル30%前後のドライキャットフードの蛋白質中の含硫アミノ酸の比率は、2.8～3.5%でした。ドライキャットフードの蛋白質中の含硫アミノ酸の適正な比率%は、年齢などのライフステージやキャットフード中の蛋白質レベルにもよりますが、3.5～4.5%の間にあると推測します。

なお、タウリン（$C_2H_7NO_3S$）はアミノエタンスルホン酸で、アミノ基を持つのでアミノ酸と誤解する例がありますが、カルボキシル基（-COOH）を持ちませんから正確にはアミノ酸でありません。通常は蛋白質を構成せず遊離状態で存在しますが、その構成元素に含硫アミノ酸と同じ硫黄(S)を含むので、当該仮説(含硫アミノ酸不足仮説)においては、含硫アミノ酸と同じ機能を持つものとして扱うのが良いでしょう。

⑺ NRC基準における蛋白質中の含硫アミノ酸比率

尿路結石における蛋白質中の含硫アミノ酸の適正比率3.5〜4.5%に比較して、NRC成猫の含硫アミノ酸基準における蛋白質中の比率は、1.7%(タウリン込み1.9%)でかなり少なく尿のpHがアルカリ性寄りに高くなると推測されるので、ストルバイト尿路結石が懸念されます。同様に成犬の蛋白質中の含硫アミノ酸比率は、6.5%でかなり多く尿のpHが酸性寄りに低くなり過ぎるので、シュウ酸カルシウム尿路結石が懸念されます(表18)。このことにNRCの犬猫栄養委員会が気付き次回のNRC基準改訂において、これらの含硫アミノ酸基準も訂正されることを期待します。

表18　NRC 基準の水分０％乾物中および蛋白質中の含硫アミノ酸（SAA）とタウリン％

	蛋白質[a]	SAA[a]	タウリン[a]	SAA/ 蛋白質	(SAA＋タウリン)/蛋白質
子犬[b]	22.5	0.70		3.1	
子犬[c]	17.5	0.53		3.0	
成犬	10.0	0.65		6.5	
母犬[d]	20.0	0.62		3.1	
子猫	22.5	0.88	0.04	3.9	4.1
成猫	20.0	0.34	0.04	1.7	1.9
母猫[e]	21.3	0.90	0.053	4.2	4.5
母猫[f]	30.0	1.04	0.053	3.5	3.6

a NRC 推奨量
b 4 ～14週齢の子犬
c 14週齢以降の子犬
d 妊娠後期～授乳盛期の母犬
e 妊娠後期の母猫
f 授乳盛期の母猫

16 ペットフード安全法の課題

1 ペットフード安全法と飼料安全法の公布と主旨

米中における合成樹脂原料のメラミンによるペットと乳児の死亡事故が切っ掛けで2008年にペットフード安全法が公布されるまで、ペットフードの行政窓口は不明確で業界による自主規制でした。筆者は二十年来、国による規制の必要性をペットフードの講演会や科学誌で提言してきました。

ペットフード安全法は、飼料品質改善法（現・飼料安全法）に半世紀遅れて公布されましたが、内容的には飼料安全法に及びません。その最大の根拠は飼料安全法にある栄養成分の法的な公定規格がペットフード安全法には無く、業界による微温湯的な自主的栄養基準に基づいていることです。さらに、飼料安全法の公定規格付表の原料成分表がペットフード安全法には無く、自主的な原料成分表もありません。ペットフード安全法制定の中間報告の時点で、当局に栄養成分規格の法定化を要請しましたが、安全法の「安全」の対象は農薬やメラミン等の有毒物なので、栄養成分は対象外との回答でした。その担当者は栄養素の不足や過剰が有毒なことを知らないのでしょう。「栄養はバランス」ですから、蛋白質の過剰は健康に悪いと周知されていますが、ミネラル（特に亜鉛）や脂溶性ビタミン、特にビタミンＤの不足や過剰による障害は栄養学において常識です。

2 基本的な課題

現在のペットフード安全法はペットフード業者の視点による内容になっていますので、先ずペットと飼い主の目線に沿った内容に改正したいです。次にペットフードは毎食・毎日・毎週・毎月・10年以上食べ続けるという認識に基づいて改正をしたいです。

3 添加物

抗菌性添加物は使用禁止ですが、保存・酸化防止などは生産性が主目的の飼料添加物（特にエトキシキン）を認可しています。ペットフードにおいて、ビタミン・ミネラル・アミノ酸などの栄養素は飼料添加物でも良いのですが、栄養素以外は健康が主目的の食品添加物に限定使用したいです。

4 品質表示票

(1) 添加物の表示

表示対象の添加物は、「製品」のペットフード製造時に添加したもので、「原料（フィッシュミールやチキンミールなど)」の製造時に添加した添加物は表示対象外です。すなわち、殆どのチキンミールや魚粉に添加されていて、有毒性が周知されている酸化防止飼料添加物のエトキシキンも、ペットフード製造時に追加添加しなければ表示しません。したがって、エトキシキンは不表示のペットフードでも、定量分析すれば検出される場合が多々あります。有毒なエトキシキンが残留する場合は、消費者に隠すことなく表示したいです。

⑵ 原材料と栄養成分の表示

原材料（トウモロコシやチキンミールなど）の表示は法的規制を受けますが、前記の通りペットフードの栄養成分（蛋白質・脂肪・代謝エネルギーなど）の公定規格がありませんので、その表示は法的規制でなく自主規制です。法的規制は違反すれば処罰あるいは行政指導されますが、自主規制は守らなくても処罰されませんので、両者の順守の重みが違います。品質表示票には、「処罰対象の原材料表示」と「処罰対象外の栄養成分表示」が混在しています。この処罰の有無や前記のエトキシキンの不表示は、殆どの消費者（飼い主）が知らないでしょう。なお、畜水産飼料は公定規格がありますので、原材料と栄養成分の表示違反については、いずれも飼料安全法に基づいて処罰や行政指導の対象です。

⑶ 栄養成分の表示方法

栄養素は不足でも過剰でも有害です。現在の自主基準において、その成分量は○○％以上（下限）または○○％以下（上限）の「いずれか」で表示されます。この表示方法は生産性目的の畜水産配合飼料に準じたもので、ヒトの健康目的の食品には使っていません。蛋白質と脂肪は○○％「以上」で示しますが、過剰に食べれば有害ですから、「以上〜以下」で表示したいです。一方、繊維と灰分は○○％「以下」で示しますからゼロ％でも違反になりませんが、大切な栄養成分ですから、「以上〜以下」で表示したいです。それを法的に公定規格化したいです。

❺ 賞味期限

ドライペットフードの賞味期限は、ヒトの食品に比べて非常に長いです。それは輸入ペットフード会社に配慮している結果です。外国産ペットフードの殆どはコンテナ船を使って輸入しますから、その輸送時間は長いです。したがって、輸入ペットフード会社にとって賞味期限は長くした方が都合が良いのです。長期間保存すれば、ビタミンは劣化消失しますが（表13）、脂肪は酸化すれば有害です。ペットフードの賞味期限は、ペットフード会社の視点による物流期間でなく、消費者（飼い主）とペット達の視点で品質保持期間を優先考慮して決めたいです。

17 エトキシキンが少なく栄養過剰でない安心なペットフード改革

1 ペットフードの蛋白質は低い方が食の安全性が高い

世界で最も科学的で信頼性が高いNRCの栄養基準を参考にして蛋白質量を適正に抑えれば、エトキシキンの混入が懸念される動物性蛋白質原料（チキンミール・魚粉など）の配合量を少なくできるので、食の安全が高くなります。

また、蛋白質の過剰は肝臓・腎臓に負担を掛けるので健康に良くありません。蛋白質を多く摂取する肉食動物の寿命は、草食動物や雑食動物よりも一般的に短命です。犬猫は、かつて肉食動物と言われていたので、蛋白質必要量が高いと誤解されています。しかし、ペット化されて久しい近年の犬猫は、栄養化学的に雑食性の栄養代謝に馴致していますから穀物などの消化吸収率が極めて高いのですが（表９）、そのことを知らないペット関係者が多いです。

2 エトキシキン残留が0.1 ppm以下のペットフードの提案

ペットフードの販売促進でなくペットの健康を重視して、蛋白質を現状より低く抑えることによって、エトキシキン残留を現状の100分の1の0.1 ppm以下にすると同時に栄養バランスが良いペットフードの配合割合と栄養成分の例を表19と表20に示しました。

表19　安心なペットフードの配合割合案%

	成犬用	成猫用
トウモロコシ	49.5	43.7
大麦（殻付き）	15	10
小麦フスマ	15	10
大豆ミール（薄皮除去）	6	12
コーングルテンミール	3	5
燃料用アルコール蒸留粕	3	5
フィッシュミール（国産）[a]	2	3
チキンミール（国産）[a]	2	3
飼料用酵母	1	2
キャノーラ油（食用）	1.5	4.5
リン酸三石灰	0.2	0.2
炭酸カルシウム	0.6	0.3
食塩	0.2	0.3
メチオニン添加物	0.05	0.1
ビタミン添加物	添加	添加
微量ミネラル添加物	添加	添加
酸化防止添加物[b]	添加	添加
計	100.0	100.0

a 国産の中からエトキシキン無添加を選択購入
b 天然のローズマリーあるいは食品添加物

表20　上記ペットフード案の栄養成分計算値[a]とNRC推奨量[a]

	成犬用		成猫用	
	計算値	NRC推奨量	計算値	NRC推奨量
蛋白質%	16.3	9.0	21.0	18.0
含硫アミノ酸[b]%	0.63	0.59	0.82	0.31
蛋白質中の含硫アミノ酸比%	3.9	6.6	3.9	1.7
脂肪%	5.2	5.0	8.3	8.1
NFE（可溶無窒素物）%	57.6		50.8	
カルシウム%	0.61	0.36	0.64	0.26
リン%	0.58	0.27	0.63	0.23
マグネシウム%	0.20	0.054	0.18	0.036
ナトリウム%	0.12	0.072	0.18	0.061
ME[c]（NRC成分表[d]による）	3.74		3.90	
ME[c]（Atwater変法[e]による）	3.03		3.22	

a 原物中
b メチオニン＋シスチン
c 代謝エネルギー（kcal/g）
d NRC基準付表の成分表（エクストルーダー加熱処理原料の犬猫の実測値）
e AAFCOのアットウォーター変法（蛋白質%×3.5＋脂肪%×8.5＋可溶無窒素物%×3.5）

表19の中で、穀類・大豆ミール・コーングルテンミールなどの植物性原料やミネラル類は、エトキシキンが殆どゼロなので問題ありませんが、動物性蛋白質原料のフィッシュミール・チキンミールはエトキシキンが高濃度に添加されている場合が多いので注意したいです。すなわち、フィッシュミール・チキンミールは国産限定として、その製造元とエト

キシキンの無添加契約を結んだ上で購入使用します。エトキシキン無添加原料の購入が難しい場合は、エトキシキンが殆どゼロの植物性蛋白質原料との代替を検討します。例えば、コーングルテンミールはトウモロコシ澱粉工業の副産物、燃料用アルコール蒸留粕はトウモロコシによる燃料用アルコール発酵生産の副産物ですが、穀物由来の両原料は蛋白質中の必須アミノ酸の含硫アミノ酸が多い反面リジンが少ないので、大豆ミール（含硫アミノ酸は少ない反面リジンが多い）との組み合わせに適しています。小麦フスマは、主に繊維源やリン源として有効です。

なお、油脂が酸化すれば発がん性が懸念されますので、酸化防止としてローズマリーあるいはビタミンE（遊離型）や食品用の酸化防止添加物を添加します。これらを添加する場合、前記のBHTやBHAに同じく直接でなく事前に液体のキャノーラ油に溶かしてから、その油を混和すればベターでしょう。

❸ 尿路結石予防として蛋白質中の含硫アミノ酸比４％前後を目標

尿路結石の要因として、尿のpH（酸アルカリ指数）・濃度・温度の三つが考えられますが、その中でpHが最も大きく影響すると考察します。その意味で尿の好ましいpHは6前後（5.5〜6.5）と推測していますが、そのpHを左右する主要因は、前記の通り蛋白質中の含硫アミノ酸（メチオニン＋シスチン）の比率と推断しています。含硫アミノ酸の構成元素の硫黄（S）は、代謝の最終過程で尿中に酸性の硫酸（H_2SO_4）として排泄されるので、尿の pH に大きく関与します。すなわち、蛋白質中の好ましい含硫アミノ酸比率は、４％前後（3.5〜4.5％）と考察しています。

4 正しい代謝エネルギー値による肥満防止

表20の ME（代謝エネルギー）において、NRC 付表の実測成分表による算出値は、AAFCO のアットウォーター変法による計算値に比べて20％前後多いです。筆者は科学的に信頼性が高い NRC が正しいと判断していますが、我が国のペットフード業界は AAFCO 基準を採用していますから、代謝エネルギー実測よりも低く計算されます。それに基づくペットフードの給与量増加はペットフードの販売促進になりますが、エネルギー給与過剰になりペットの肥満になります。ペットの肥満は飼い主による虐待です。

18　60代から飼うペットのすすめ

転勤のあるサラリーマンであった筆者は、定年を控え転勤は無くなると判断して犬を飼いましたが、そのメリットは犬を通して、散歩による運動と近所の飼い主仲間との付き合う機会や公園での子供達との会話に恵まれたことです。

ペット講習会で60代の方から、犬を飼いたいが適切な品種を教えて欲しいと質問されましたので、10年後には飼い主と老犬の老老介護になるので病院などに抱いて連れて行く場合、小型犬（成体重8kg以下）が望ましいと答えました。

猫は犬よりも飼い易いのですが、間違った愛情から食べ物を与え過ぎて肥満にならないように注意しましょう。ペットの肥満症は飼い主による虐待です。

飼い易さでは、手乗りセキセイインコを薦めます。セキセイインコは言葉を覚えますし、小さな籠に入れて旅行に連れて行けますが、留守番させる時は餌と飲水を用意すれば1週間くらいは大丈夫です。糞はベタベタしないので室内に放し飼いしましたが、帰宅すれば玄関まで出迎えに来ました。

19 犬連れドライブのすすめ

❶ 犬連れドライブの切っ掛け

愛犬と一緒のドライブは、最高に楽しいです。かつて犬と散歩に行った公園で、全国ドライブ中の熟年夫婦がワンボックスカーで仮眠していました。それがヒントになって犬連れドライブを始めましたが、14年間の10万kmの犬連れ全国ドライブの体験をベースにして、その楽しみ方を紹介します。

❷ 犬連れドライブのコツ

先ず「犬を車に慣らす」、次に「季節を選ぶ」の二つです。ドライブ初体験で車酔いしても「うちのワンちゃんは車ダメ」と決めつけることなく、再チャレンジしなければドライブの楽しいチャンスを失うことになり愛犬と飼い主にとってもったいないです。車で買い物や食事に行く時など日常的に乗せて、車に慣らすと共に車内で待つことを教えます。それによって犬はマイカーをセカンドハウスと思うようになり、飼い主は必ず車に戻ることを学習します。回数を重ねれば、夜も車内で独り寝できるようになります。福島原発事故で「さいたまアリーナ」にマイカーで犬連れ避難した人達の一部は車内で犬と一緒に寝起きしていましたが、殆どの犬は車内で独り寝しました。なお、ドライフードは胃の滞留時間が長いので、初めての乗車は５～６時間の食休み後が望ましいですが、もし吐いても立ち直りは早いので過度の心配は不要です。

季節的には春と秋がベストです。犬は飼い主より足が短いので地面からの輻射熱を受け易く、汗腺も少ないので暑さに弱いため、夏に車内で待たせる時は熱中症に細心の注意が必要です。真冬は降雪や路面凍結による事故の危険性もあるので避けたいです。

３ 七つ道具の実例

⑴　犬連れ用自動車は、キャンピングカーがベストですがフラット床可能な4WD ワンボックスカーでOK です。走るテントとして車内泊に便利で、四輪駆動はぬかるみ・雪道でもタイヤの空転が少なく安心です。

⑵　名札・マイクロチップなどの個体識別は、飼い主の責任です。

⑶　「固定ケージ」または「段ボール箱＋50 cm リード付き胴輪（犬の大きさにもよりますが50 cm 程度）」。

⑷　散歩セット（通常のリード、糞受け用にプラスチック

玩具スコップ、雨具など)。

(5) 犬の食事セット（1日分ずつ小分けしたドッグフード、食器)。

(6) 人の飲み物セット（動く喫茶店として保温ポット、コップ、ティーバッグなど)。

(7) 洗顔入浴セット（タオル、歯ブラシ、シェーバー、着替えなど)。

4 実践的講座

(1) 犬は新しい環境に馴致し易い

歩道橋・吊り橋などの高所や牛馬・海の波などを怖がる犬もいますが、犬の馴致能力は人よりも高いので何回か繰り返して経験すれば慣れます。新しい体験にチャレンジすれば犬も飼い主も楽しみが増えます。

(2) 車内は「固定ケージ」または「段ボール箱＋胴輪に短めのリード」

車内で放し飼いの犬は、留守番中に食べ物を探して盗み食いや停車時にドアから飛び出て犬同士の喧嘩になることがあります。万一衝突すれば車外に投げ出されて大事故になります。首輪とリードでは首吊り状態になるので締りが適切な胴輪と短いリードがベターです。

⑶ ホテルの駐車場

車内に独り寝させる場合、朝と夜の散歩が必要なのでホテルの駐車場は、立体式でないことを事前に確認します。１階で屋根付きがベストです。

⑷ 飼い主と犬のマイカー泊の駐車場

トイレと水道が必須なので、道の駅や自動車道サービスエリアなどは最適ですが、トイレ出入り口付近とディーゼル車の隣は騒音が大きいので避けたいです。

⑸ フェリー乗船の留意点

ドッグルーム付きフェリーもありますが、一般的に犬は乗船すれば車外に出られないので、乗船前後の排泄が必要です。

⑹ 宿泊予約しない長所

予約なしは多少不安ですが、天気に対応してコースや宿泊地の臨機応変な対応が可能です。

⑺ 不慣れな行き先は明るい内に到着

トラブル予防と現地探索や犬と散歩を楽しむためです。

⑻ 無料サービスの利用

自動車道サービスエリアの配布地図や無料茶湯、コンビニの電子レンジを拝借します。

『北の国から』ロケ地の「拾ってきた家」にて

ほんざわ　清治（ほんざわ　せいじ）

1960年　宇都宮大学卒業（農芸化学科栄養化学専攻）、日清製粉入社（飼料部門）
1999年　日清製粉退職（研究所・統一企業公司台湾駐在・本社・工場）
現　在　飼料・ペットフードコンサルタント、IBLC（人材銀行）顧問、日本技術士会会員、日本畜産技術士会会員、日本ペット栄養学会会員、日本聴導犬推進協会会員

[共著]
『猫を科学する』（養賢堂）
『犬を科学する』（養賢堂）

[資格]
技術士（農業部門）、愛玩動物飼養管理士（一級）、生涯学習インストラクター（イヌ学）、危険物取扱者（甲種全類）

そのペットフードは安心ですか？

― ペットフード疑似科学を科学する ―

2023年7月6日　初版第1刷発行

著　　者　ほんざわ清治
発 行 者　中 田 典 昭
発 行 所　東京図書出版
発行発売　株式会社 リフレ出版
　　　　　〒112-0001　東京都文京区白山 5-4-1-2F
　　　　　電話 (03)6772-7906　FAX 0120-41-8080
印　　刷　株式会社 ブレイン

ISBN978-4-86641-644-1 C0095
Printed in Japan 2023